前期拍摄 +Lightroom 后期调整

AFRICA
PHOTOGRAPHY

行摄非洲
——旅行摄影与后期指南

黑摄会 自然 齐林◎编著

人民邮电出版社
北 京

图书在版编目（ＣＩＰ）数据

行摄非洲 : 旅行摄影与后期指南 / 黑摄会，自然，
齐林编著. -- 北京 : 人民邮电出版社，2017.1
ISBN 978-7-115-43091-5

Ⅰ. ①行… Ⅱ. ①黑… ②自… ③齐… Ⅲ. ①摄影技
术—指南 Ⅳ. ①TB88-64

中国版本图书馆CIP数据核字(2016)第254348号

内 容 提 要

这是一本讲解非洲摄影与使用 Lightroom 软件进行后期制作的书。

作为常年待在非洲的一名中国摄影师，作者将他在非洲拍摄的各种照片毫无保留地展现给了读者，让将要去非洲旅行的读者有一本可以参考的指导书。

本书侧重于摄影技巧的分析与 Lightroom 实战操作，从行摄入门与 Lightroom 修图技术入手，结合非洲的风光、静物、人文和野生动物等，再配以详尽的后期讲解，相信去非洲摄影的读者可以在参阅本书后随时随地拍出自己想要的照片。

本书附带案例文件，读者可通过在线方式获取这些资源，具体方法请参看本书前言。

本书适合喜欢旅行摄影的读者以及想要快速提升自己的修图技术的读者阅读。

◆ 编　著　黑摄会　自　然　齐　林
　　责任编辑　张丹丹
　　责任印制　陈　犇

◆ 人民邮电出版社出版发行　　北京市丰台区成寿寺路 11 号
　　邮编　100164　电子邮件　315@ptpress.com.cn
　　网址　http://www.ptpress.com.cn
　北京盛通印刷股份有限公司印刷

◆ 开本：889×1194　1/20
　　印张：11.8
　　字数：341 千字　　　　　　　　　2017 年 1 月第 1 版
　　印数：1 – 2 800 册　　　　　　　2017 年 1 月北京第 1 次印刷

定价：69.00 元
读者服务热线：(010)81055410　印装质量热线：(010)81055316
反盗版热线：(010)81055315

前言

依稀记得 2013 年，人民邮电出版社的编辑从"站酷网"上找到我，希望我能将"黑摄会"在非洲的摄影作品编辑成书。编辑建议我以"黑摄会"最擅长的 Lightroom 修图技巧为切入点，做一本集功能性与观赏性于一体的摄影教程。面对这样的邀请，在"虚荣心"的驱动下，我答应了。我于 2014 年开始动笔，以"黑非洲摄友会"副会长齐林的非洲摄影作品和我的非洲摄影作品为基础，编写了这本书。感谢"黑摄会"的全体成员、"黑非洲摄友会"副会长齐林以及"黑摄会"秘书长施盈盈的支持。

非洲摄影怎么拍？

非洲是出大片的胜地，在这里可以拍野生动物、山水风光、风俗人文等。很多摄友初到非洲，由于时间短、任务重，十几天的旅行，往往积累了满脑子的问题。例如，怎么拍出理想的摄影作品？从哪些位点拍摄？什么时刻拍哪？这本书就能帮助大家解决这些问题。"黑摄会"的成员遍布非洲各国，他们对非洲摄影有着各自的理解和探索。所以在本书中我把"黑摄会"成员交流过程中碰到的一些常见问题和我在摄影方面碰到的问题做了归纳和总结，并且书中的每一个案例都有详细的拍摄地点和拍摄时间，案例类型包括风光、野生动物和人文 3 种。

摄影基础薄弱惹的祸

大家在摄影过程中肯定有过这样的疑惑：为什么拍摄出来的照片效果与实际看到的美丽景色不一样？我的父亲就很认真地问过我这个问题。他拿着单反相机问我：

"为什么我拍夕阳，总拍不出日落的感觉？拍出来的效果要么太黑，要么太亮！"

"为什么我拍黑人总是拍不好？曝光应该怎么设置？"

"为什么我拍的风光照片，总感觉看不清楚？"

"为什么你拍的片子这么好看，而我和你在同一个地方却拍不出和你一样的片子？"

……

大家是不是也有同样的困扰？同样的器材、场景和光线，拍出来的照片却是天壤之别，同样用的是高端单反相机，却只能拍出类似手机效果的照片，重要时刻却总是留有遗憾！其实，这是摄影基础不牢固造成的。只有搞清楚摄影的基本原理（相机原理、曝光、光线运用技巧、构图规律、各种场景拍摄技法），后期制作才会有用武之地；只有掌握了摄影基础，后期制作才能为你的摄影作品锦上添花。

如何用 Lightroom 锦上添花

什么是好的作品？除了能吸引人眼球之外，还要能打动人心！突出你想重点突出的，模糊干扰因素，让画面锐利得可以数毛，让天空蓝得真实，让隐藏的细节突显……这就是 Lightroom 这款摄影师修片神器的真正用途！

说了这么多，不如动手试一下。

边看边学 Lightroom 实战修图教程，看看"黑摄会"的照片是如何从平庸变神奇的（这背后更多的是"黑摄会"摄影师修图的逻辑和思路）。把全过程非常详细地展现出来的原因是希望读者能理解工作流程。只有理解了工作流程，才能明白所有的参数都是可以根据需要调节的，才能做出更具创意的作品！也许书中的很多作品都有瑕疵，但是却真实记录了"黑摄会"摄影师在摄影这条道路上的成长过程，也真实记录了"黑摄会"在非洲的发展历程。相信你看了这本书之后，一定会有所收获。我写这篇前言的时候，已经从新华社辞职，开启了别样人生。我和喜欢非洲的朋友一起创办了"波布非洲体验式旅行平台"，并立志建立一条中非之间的民间纽带，让更多的中国人走进非洲。而"黑摄会"也会继续记录中国人在非洲的历程。

自然
2016 年 10 月

本书所有的学习资源文件均可在线下载，扫描封底的"资源下载"二维码，关注我们的微信公众号即可获得资源文件下载方式。资源下载过程中如有疑问，可通过我们的在线客服或客服电话与我们联系。在学习的过程中，如果遇到问题，也欢迎您与我们交流。我们将竭诚为您服务。

您可以通过以下方式来联系我们。

官方网站：www.iread360.com

客服邮箱：press@iread360.com

客服电话：028-69182687、028-69182657

资源下载

荐

梦想有时比逻辑更有力量。

北京的冬天非常魔幻，阳光和大雾轮流扑面而来，让人来不及拥抱和躲闪。在这样的天气里，日复一日的庸常中，捧着自然寄来的书稿，我想起了我在非洲的幸福往事。

我在非洲有过几次深度的游历，都是以摄影的名义。非洲是一个神秘的地方，白天，从高空看下去，它闪耀着沧桑繁芜的金黄色彩，热气腾腾地伸展着无边寂寞；而到了夜晚，它仿佛是深藏在黑暗中的混沌。

其中一次游历，我的终点在赤道上的肯尼亚。肯尼亚像一个身着彩装的东非部落居民，毫不张扬地静静隐在无边稀树草原的背景里，但只要看过，就无法忘记。

有很多事物，我虽然知道它们的确存在，但仿佛只存在于和自己毫不相关的地点，遥远得像个永不降临的神话。如乞力马扎罗山上晶莹的雪，如地球"脸上"那道最长、最深的疤痕——东非大裂谷，如在非洲生机勃勃的原野上自由奔跑的猎豹。但是，当这一切突然离我很近时，我才发现自己还没做好足够的功课，没学会如何得体地欣赏。也许太遥远的东西突然很近地呈现在眼前时，视线反而变得模糊了，想要看清楚就需要充分准备、积累，需要更多的时间。

绕了这么大的一个弯，我想说的是，改变世界的除了逻辑，还有梦想。

和外面的世界相向而立，我们每个人都是一个独特的世界。在自己的世界里，仅有现实与逻辑是不够的，我们更需要诗和远方。

旅行和摄影，体验和讲述，是我们联结现实与远方的最好方式。

这是一本能带你走进摄影、走进非洲的书。当我们了解了"黑摄会"的故事，欣赏到他们的精彩作品，掌握了摄影的秘诀，收藏起旅行的详尽贴士，只要再燃起一个愿望，新鲜新奇、不同于庸常的生活就会在眼前展开。

"黑摄会"的成员用镜头表现非洲，把非洲无私的馈赠放在照片中转赠给大家。读到这本书，我们在感谢非洲、感谢摄影的同时，还要感谢我们的热情和梦想。

梦想还是要有的，万一实现了呢？梦想还是要坚持的，不是为了实现，而是在为梦想而努力跋涉的路上。即使没能把我们带到梦想的终点，也会丰富我们的人生，让我们有其他的奇遇，甚至引领我们到达一个从未想过的奇境。

热情永远与梦想相随。作为摄影专业人士，我有时甚至想，在这个时代，职业应如何与热情对抗？仅仅出于热情，没有成见和约束的摄影爱好者不断做出令职业摄影人都惊叹和汗颜的成绩，如这本立体而跨界的摄影书。

未来摄影的希望，很大程度在这些所谓摄影的"路人甲"之中。他们的根无比坚实地深扎在大地中，他们的心又义无反顾地向上生长。

引领摄影和旅游爱好者走进摄影，走进非洲，这本书最为适宜。

新华社摄影部国际照片室主任、世界新闻摄影比赛金奖获得者 吴晓凌

这是一本可以作为礼物和亲朋好友分享的充满了非洲绚丽色彩的摄影集。

我们生活在充满美丽画面的世界中，画面中的美丽瞬间被我们用摄影的方式记录了下来。我们通过网络与朋友分享这些美丽的图片，每天都用手机把捕捉到的生活中的点点滴滴互相传送而我们的生活中也随处可见带着相机的人。

本书很好地诠释了光线和瞬间的重要性。摄影总是与光线和瞬间有关，不管拍摄的对象是什么。摄影师都对他们的拍摄题材充满热情，而那些拍摄对象往往是他们生活中的一部分。

本书的两位作者与我相识于非洲，他们对朋友的热情、友善以及对摄影艺术的执着追求总能让人情不自禁地另眼相看。他们在非洲生活和工作了多年，凭借着对摄影艺术的热爱，用镜头以及丰富的专业知识诠释出了这本了不起的著作。

随着中非文化交流的深入，越来越多的摄影师以及摄影爱好者迷上了非洲。本书中汇集了作者在非洲拍摄的大量作品，分享了丰富的见解和专业知识，介绍了各种简明实用的拍摄技巧。作者通过各种令人赞叹的景观、动人心魄的精彩瞬间、光影迷离的抽象图形，展示了自然风光、人文景致以及野生动物在大自然中的精彩画面，这些在本书中交织成了一篇赞美非洲的华美乐章。

我们经常会在美丽的画面前按下快门，而出现在显示屏中的画面却令我们深感失望。构图偏移、细节损失、噪点杂乱繁多、主体与画面不相配或者就根本错失了瞬间。我们拍摄的照片往往和我们所看所感受到的绚丽景观存在着极大的落差。当然，要创作出专业级的作品也并非困难重重，如果你热爱非洲、热爱摄影，也希望自己的作品更加让人瞩目，本书就是你的最佳选择。

世界著名野生动物摄影家、江西省数码摄影协会主席 **肖戈**

鄙人正是书中提到的（"黑摄会"有一位摄影师，此前从未用过 Lightroom，一直用的是 Photoshop）那个摄影师。我常驻肯尼亚 4 年多，去过的国家不多，肯尼亚丰富的摄影题材已让我这个十几年的业余摄友过足了按快门的瘾。

我原来对摄影的态度是十分随意的，喜欢拍，但是又懒。懒得用笨重的器材，懒得做后期调整。但看到非洲的美景，却总想用镜头抓下来，把照片分享给对非洲一无所知的亲朋好友。逼着自己学了几招 Photoshop，远远不能算高手。曾经对自己的摄影水平很满意，后期调两下就发到网上。但随着显示设备的发展，我对自己拍出的照片越来越不满意。我不认为自己的拍摄水平已经没有提高的空间，但也知道当前摄影器材的局限，有些眼睛看到的效果是目前无法直接拍出来的。

一个偶然的机会，我加入了"黑摄会"摄影微信群，结识了包括自然在内的许多专业、半专业的摄友和大师，跟他们一起外拍、聚会，学到了很多东西。最大的收获就是学会了使用 RAW 格式和 Lightroom。

我认为 Photoshop 和 Lightroom 的区别在于，前者偏重于艺术创作，后者则专注于图片的后期调整和图片管理。而 RAW 格式的意义在于，它能记录极其丰富的信息。有了 RAW 格式，使用后期软件就可以把原片上不能显示的真实效果最大限度地释放出来。通俗地说，用 RAW 格式拍摄就是把生的食材买回来自己做菜，用 JPEG 格式拍摄不做后期就是下馆子点菜，用 JPEG 拍摄做后期就是买熟食回来再加工一下。如果会做菜而且爱做菜，就拍 RAW 格式，喜欢吃现成的，就拍 JPEG 格式。我用 RAW 格式的主要目的是要兼顾照片的明暗细节。RAW 格式的另一个好处是便于调色，但这方面我掌握得不好，大多数片子调不出真实效果，所以我还在慢慢摸索中。毕竟有 RAW 格式在，以后调色水平提高了，总能弄好的。

Lightroom 是一款妙用无穷的软件。除了自然在书中介绍的修图功能，它的图片管理功能更是一绝。我原来的图片库一直都是乱糟糟的，完全不知道怎么管理。我用 Lightroom 很轻易地剔除了不需要的照片，把自己十多年来拍的十多万张照片系统地管理了起来。如果没有这个软件，我不敢想象如何做到这点。

我很欣赏自然的执着，他在摄影前和后期都下了很大功夫，还专门写出来跟大家分享。通过他的书，我不仅看到了摄影的魅力，还看到了一个多姿多彩的非洲。

中央电视台非洲分台 **廖亮**

有那么一群人，他们远离祖国和亲人，他们不以摄影为生，却在非洲用相机记录着身边熟悉而又陌生的点点滴滴。

有那么一群人，他们大多未曾彼此谋面，却在虚拟的网络世界里聊得火热，认真严肃却也不乏插科打诨。

几个人偶尔从线上走到线下，小聚在一起，虽然可能是第一次见面，但互相又好像是有多年交情的朋友，聊到难舍难分。

"黑摄会"把因工作需要常驻非洲、旅行到非洲、热爱非洲的一批志同道合的摄影爱好者聚拢在一起，也把他们的作品汇集在一起。

"黑摄会"有专业的作品，也有很生活的随拍，正如"黑摄会"里有专业的摄影师，也有刚开始摆弄相机的爱好者。无论是专业的还是业余的，作品不论高低，大家的目的只有一个：把一个真实的非洲展现给世界。

我到非洲的时间不长，玩相机的时间更加有限，更不以摄影为专业，只想与在非洲的同道中人有个交流平台。因为这个想法，由同事介绍我认识了"黑摄会"，也认识了"黑摄会"的发起人兼浙江老乡自然、极有摄影天赋的齐林、精通 Lightroom 的廖亮、在塞伦盖蒂从事野保事业的青山、从非洲转战到新疆的牧歌、在贫民窟盖校舍的正骊……对我来说，这里的人陌生里透着熟悉。

跟许多摄影爱好者一样，我深受后期制作的折磨，Photoshop 这样的软件像一块硬硬的馍，啃不动，但因为饥饿而又得硬啃充饥。不久前廖亮和齐林带我进入了 Lightroom 的世界，但我依然连一知半解的水平都达不到。

自然的这本书，我一读便放不下来了，通俗的语言将我之前的许多疑惑一一化解，边读边按照他的指南对前段时间拍摄的照片做起了后期，还乐此不疲。

我一直把摄影当作一门遥不可及的艺术，拍不出像样的照片，那是因为自己缺乏艺术修为。前段时间有幸拜读同事王文澜的《家国细节》，他在序里坦陈他所追求的并不是艺术，而是事件和社会。

"我被'冲击力'所左右，认为摄影就是为'决定性瞬间'而存在。进入20世纪90年代，我觉得艺术对于摄影也不是最重要的。我不刻意追求光线、构图、角度，按快门也成全天候了，不管室内室外、刮风下雨、白天黑夜。原来觉得没意义的，现在也变得有意义，平淡的也有了价值，仿佛拍下来就行。"30年来，我一直在看文澜的作品，觉得大师的作品是那么的深邃，那么遥不可及。但读了他的这段话，我又觉得精彩和大片其实就在身边，在不经意处。非洲处处是大片，等着我们这些摄影爱好者去努力、去发掘，用心去创作，不必太在意艺术的含量。

阅读了自然的书，我也慢慢明白了，后期这块馍虽然不好啃，但只要自己再一次全身心地回到拍摄的环境或意境中，也能很自然地啃下来，嚼起来还津津有味。

非洲有醉人的自然风光、野性的草原、多彩的人文。让我们拿起相机，记录精彩，讲述美丽的非洲故事。

中国日报社总编辑助理、非洲分社社长 **谢松信**

这是一本很独特的书，既是非洲风情美图展，也是数码后期 Lightroom 操作和调整指南。当我读到这本书时，感觉眼前一亮。

一群奔波在非洲各地的中国人，自发成立了摄影爱好者协会——"黑摄会"，以其善良的眼光和中国人的视角，去发现非洲之美。他们用镜头从不同角度表现出非洲广袤大地的风土人情和壮美景色，展示给读者一个真实且全面的非洲，颠覆了人们对非洲的传统印象，许多图片还具有史料意义，弥足珍贵。而且这本书的作者从自身经历出发，向人们展示了他对书中图片的调整思路和最终效果，展现了他对摄影的理解和成长过程，具有非常好的示范效应和借鉴意义。

这是一本写给摄影爱好者的书，开卷有益，相信读者读后对 Lightroom 的操作和理解会上升到一个新的层面，对非洲会有不一样的认识，值得强烈推荐。

中国摄影家协会会员、中国数码摄影家协会摄影指导老师 **赵力**

目　　录

Lightroom

第03章
风光篇

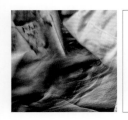

第04章
静物篇

第05章
人文篇

第**06**章
外闪篇

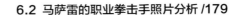

第**07**章
野生动物篇

前缀

来自非洲的"黑摄会"

在非洲有这样一群特殊的中国摄影师，他们热爱摄影，喜欢用镜头去记录非洲大地的美与神奇。他们的镜头里没有战争和贫穷（人们对非洲一贯的刻板印象），有的是这片土地上的善良与淳朴、富饶与丰富以及那些被人们所遗忘的纯与美。

从内罗毕居民区中走出来的拳王，到坦桑尼亚鳄鱼湖畔的狮群；从肯尼亚艺术区里的艺术家，到桑给巴尔岛上的淳朴村民，这些看似遥远的非洲生活，却在一群业余中国摄影爱好者的镜头里变得绚烂鲜活，成为他们用镜头去追逐的对象。

这群年轻的中国摄影爱好者分布在非洲大地的各个国度，因为工作原因，他们爱上了非洲，也爱上了用镜头记录非洲的人文，并最终成立了一个名为"黑摄会"的摄影团体。

"黑摄会"成立于2012年，成立之初只有13名成员，这些成员都是非洲中资公司的员工，大多是技术人员和项目经理。他们本着交流摄影技巧与经验，用镜头记录一个真实非洲的目的走到了一起。"黑摄会"的作品被各大网站转载的同时，也吸引着非洲各国的华人摄影爱好者的加入和优秀的国际著名摄影师的加入。"黑摄会"目前的成员遍布非洲各地，在肯尼亚、乌干达、坦桑尼亚、埃塞俄比亚、赞比亚、津巴布韦、南非、纳米比亚、喀麦隆、尼日利亚、加纳、马达加斯加、塞拉利昂、埃及、卢旺达和加蓬都有成员，人数超过120人。

今后"黑摄会"将专注于记录中国为非洲带来的变化，用镜头记住每一个历史瞬间。"黑摄会"很年轻，路也很长，希望能在广大摄影爱好者的支持与帮助下继续成长。

"黑摄会"成立之初，举办的第一次赏片大会，我是那个拍照的人

"黑摄会"的器材展

第01章

行 摄 入 门

Lightroom

1.1 摄影的困惑——拍之前先学会思考

刚到非洲的时候，我喜欢写博客，每每把自己拍摄的照片放到博客上的时候，虽然朋友们都很捧场，觉得拍得还不错，但我还是觉得自己的摄影作品缺少了什么，于是漫天去寻找答案。有一天我在网上看到了这样一幅大师的作品，我曾经也拍摄过这种题材的照片，于是把它们做了一下对比。

大师的作品   我的作品

夜深人静的时候，我坐在计算机前，面对着这两幅照片，深深地质问着自己，同样的思路，出来的照片效果却是两样，这是为什么？我的照片中缺少了什么？是我没有找到颜色艳丽的、对比强烈的黄色墙面，还是我的照片中本身就缺少某种元素？是灵魂的缺失还是构图的失败？怎么我拍的照片就是缺少那种 feel。是那种说不清道不明的东西，对，是创意！是内心中的情感！我真的应该在拍之前好好地思考一下，我能有那一瞬间的灵感吗，如果不能，就别浪费快门了！

经过那次的自我批评，我努力地寻找解决办法。这让我深刻地认识到，摄影不是拿起相机随便按快门，摄影是各种要素的结合，选景、构图、曝光、相机参数及创意配合。

大师的作品：使用慢快门，虚化动态影像从而表现出了行色匆匆的感觉；红、黄、蓝的搭配让整个画面色彩对比强烈；三分法构图使整个画面平衡，且没有失重的感觉；简洁的背景，让观众第一眼被最亮的背景吸引，然后眼睛看到稍亮的禁止标牌和蓝色指引牌，最后观众把视线集中在模糊的身影上面，这一系列的视觉引导都是精心设计的。

我的作品：首先是被墙上看不懂的红底白色阿拉伯文吸引，然后是被举着红包的光头吸引，最后视线集中在行人上，背景杂乱。既然没有在构图和表达寓意上下功夫，也就难怪拍不出好照片了。

想通这些后我释然了，摄影师就是举着相机的哲学大师，并不是学会按快门、学会配合拍摄参数就能拍出好的照片。如今这样一个单反相机泛滥的时代，摄影的专业性却从未被挑战过。想要成为一名真正的摄影师，路还很长，要学习的理论和要积累的经验还很多，现在的我也最多只能称作是摄影熟练工。创意始终是摄影最重要的部分，所以拍摄之前一定要学会思考，且拍且珍惜！

1.2 如何实现眼睛看到的美景

1.2.1 为什么看到的和拍出来的不同

　　刚学会摄影的时候，我喜欢用 P 挡，并且持续了近 1 年的时间。有一天我的朋友说，他用 M 挡拍了几次，发现照片的色彩变得不一样了，蓝色的天空更蓝了，颜色也变得更亮丽了。于是我也开始尝试用 M 挡，结果发现色彩确实要好很多。从那时开始我慢慢地转变了拍摄习惯。开始使用 M 挡，手动地设置各种参数进行拍摄。在逐渐摸索 M 挡的使用过程中，我也慢慢地了解了相机的工作原理。其中曝光不准确是我们在摄影过程中遇到的最大的障碍，这也是为什么我们看到的如此色彩丰富的世界，而相机却拍不出来的主要原因。

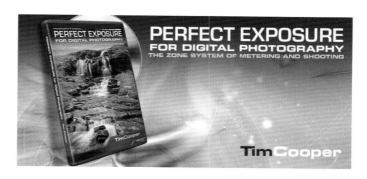

　　这也是我在一次与"黑摄会"摄影师齐林的交流过程中学习到的曝光经验，齐林为我介绍了一部视频摄影教程——《完美曝光》，其用视频讲解的方式详细地阐述了安塞尔·亚当斯的区域曝光法，由浅入深地把区域曝光法讲了个透彻，教程的可操作性极强，尤其是结合了相机内建的测光表，能迅速提升曝光能力。通过一段时间的学习和尝试，我逐渐掌握了通过相机内建的测光表进行测光的方法。所以我非常喜欢与摄影师进行交流，向他们提出自己的疑问，因为也许困扰你许久的问题对于其他人来说只是随口告诉你的诀窍。摄影就是这么神奇！

1.2.2 安塞尔·亚当斯的区域曝光法

　　既然讲到了安塞尔·亚当斯（Ansel Adams）的区域曝光法，那么就非常有必要和大家细说一下。根据我的经验，如果你接触到安塞尔·亚当斯的区域曝光法，而且还花时间去搞明白了这到底是怎么一回事的话，你的摄影技术肯定得到提高了。本节就讲述这个区域曝光法。

　　关于区域曝光法，在网上搜索就能找到相关的、专业性的资料，原理是需要弄懂的，所以建议读者去看一下《完美曝光》的视频。区域曝光系统中的 6 大重要概念如下。

- 11 个灰阶（0 区 ~ X 区）。
- 0 区代表全黑，X 区代表全白。
- 中间的 V 区代表 18 度灰，又叫中灰。指光线发射率是 18%。
- 过曝：照片中的白色部分，包含 X 区域。
- 欠曝：照片中的黑色部分，包含 0 区域。
- 好照片：黑色部分在 II 区或 III 区，白色部分在 VII 区或 VIII 区。

Fred Archer 与 Ansel Adams 合作打造了区域曝光系统

1. 区域测光系统怎么使用？

数码相机会把你测光的任何亮度都定义成中灰进行曝光，这是理解整个区域曝光系统的关键。能理解吗？这部分是最绕的，想象一下，以非洲人的黑色皮肤、亚洲人的黄色皮肤和欧洲人的白色皮肤为例，假设亚洲人的黄色皮肤为中间灰 V 区，那么非洲人的黑色皮肤就是 Ⅲ 区，欧洲人的白色皮肤就是 Ⅶ 区。

2. 如果三种不同肤色的人站在一起，如何拍好他们？

我会对着亚洲人测光，因为如果亚洲人的肤色曝光正常了，那么非洲人和欧洲人的肤色也会变得正常。

3. 如果非洲人和欧洲人站在一起，怎么拍？

此时就需要引入一个曝光补偿的黄金法则，即白加黑减。顾名思义，非洲人和欧洲人站在一起，如果我对着非洲人测光，那么就是要减曝光，这样欧洲人才能曝光准确。如果对着欧洲人测光，就需要加曝光，这样非洲人才能曝光准确。

首先对着非洲人曝光，非洲人是 Ⅲ 区，数码相机才不管是不是 Ⅲ 区，它默认是 V 区。所以肯定把非洲人当作 V 区曝光了，也就是莫名其妙地加了 2 挡曝光。欧洲人原来是在 Ⅶ 区的，那么这个时候也得跟着往上加 2 挡曝光，也就是 Ⅸ 区，画面基本全白了。此时脸部还有细节吗？肯定没有了！"黑减"的原则就是：因为非洲人是 Ⅲ 区，首先把相机减 2 挡曝光，那么相机把非洲人定义为 V 区，也不用担心了，因为已经减了 2 挡曝光了，所以非洲人的曝光是正确的，而欧洲人也同样减了 2 挡曝光，从 Ⅸ 区减回到了 Ⅶ 区，曝光也是正常的。

"白加"反推一下：对着欧洲人测光时加 2 挡曝光，相机才会从 V 区加到 Ⅶ 区，欧洲人曝光准确了，非洲人也曝光准确了。这是实战中最常用的，在非洲，非洲人、欧洲人、亚洲人的组合情况太多了。所以这点必须学会。这个理论明白了，其他的风光摄影就融会贯通了！

1.2.3　通过 Lightroom 后期调整再现美景

Lightroom 是神奇的，"黑摄会"有一位摄影师，此前从未用过 Lightroom，一直用的是 Photoshop，他对 Photoshop 的熟练程度已经达到高手的水平，在我们几位 Lightroom 忠实粉丝的怂恿下，他尝试性地用 Lightroom 对拍摄的照片进行了调整，从那以后他就爱上了 Lightroom。当然，这并非在告诉大家 Photoshop 与 Lightroom 孰优孰劣，因为两者没有可比性，偏重的方向不同，在很大程度上，Photoshop 的意义不仅仅是修图，它是一款设计工具，而 Lightroom 就是一款修图工具。Adobe 公司说 Lightroom 是面向专业摄影师的工具箱，它提供了一个管理、调整和展示大量的数字照片的简单应用程序，让您在计算机前花费更少的时间，而将更多时间用于拍摄。

Lightroom 最大的特点就是修改 RAW 图片，那么什么是 RAW 格式？为什么不用 JPEG 格式？

RAW 指的是原始、未经加工的照片。放在相机上来说，RAW 挡是未经处理、压缩的照片格式，它直接捕捉感光元件上的原始资料，其中有当时相机拍摄时所设定的曝光值、色彩、白平衡等。

试过 RAW 挡的朋友，可能会觉得 RAW 挡跟 JPEG 不都一样，难道说照片的储存格式改用 RAW，拍照技术就会提高？更何况 RAW 挡照片所占的存储空间比 JPEG 大，有不少人会直接把相机设定成 JPEG 格式，来减轻记忆卡的负荷。若以成像来区分 Raw 与 JPEG，硬要我形容，那大概就像一时之间有点分不清西瓜跟哈密瓜吧！

现在拍摄的照片我都会保存成 RAW 格式，为什么？现在的存储卡内存很大啊，32GB 或者 64GB，怎么存都可以。而这并不是我用 RAW 的理由，真正的理由是 Lightroom 需要我们提供 RAW 格式的照片，这样它才能帮你把很多原始资料调出来，然后让你加加减减，做出精美绝伦的照片。还等什么？把自己的相机存储格式换成 RAW 吧，通往摄影师的捷径就是 Raw+Lightroom！

1.3 去非洲拍照片要准备哪些器材

1.3.1 风光摄影必备镜头

非洲风光摄影用什么镜头拍比较好？

这个问题确实有很多朋友问过，答案也是五花八门，说实话，在写本书之前，我也无法给出一个确切的答案。我通常会问，你有多少预算？如果你是土豪，那我们就做朋友吧，你买牛头镜头借我用用呗。确实，你能承受的价格决定了你用什么样的镜头。

相信问这个问题的通常是刚学习摄影的朋友。如果是初学摄影，以尼康系为例，假如你买的机身是尼康 D7000 这个档次的相机，根据你的预算，我会给你 3 种选择。

1000 元左右：尼康 AF-S DX 18-55mm f/3.5-5.6G VR，这是初学者的标配，风光摄影的入门镜头，将这款镜头安装在任一 DX 格式尼康数码单镜反光相机上时，视角相当于 35mm 格式胶片相机或尼康 FX 格式相机 27~82.5mm 的视角。所以对于初学者来说，这绝对是一款可拍风光又可拍人像的好镜头。

6000 元左右：这个范围就广了，不过其实适合你用的镜头也只有一款：尼康 NIKKOR 18-300mm F3.5-5.6G ED VR。当你已经开始不满足 18-55mm 这个阶段的时候，我相信你已经开始筹划更换镜头了。来非洲的你，还是换成这个一镜走天涯的镜头吧，该镜头锐度不错，防抖效果出色。这款镜头可以让你用很长时间，而且这款镜头也确实比尼康 AF-S DX 18-55mm f/3.5-5.6G VR 实用得多，毕竟 300mm 端还能出去拍拍野生动物，站在阳台拍拍小鸟。

10000 元左右：哈哈！我相信很多朋友看到这个价位，心都在颤抖！这是我要重点推荐的。当摄影技术达到了一定的水平后，器材确实是制约摄影水平提升的一个重要因素。

镜头推荐：尼康 AF-S Nikkor 14-24mm f/2.8G ED 或者尼康 AF-S Nikkor 24-70mm f/2.8G ED。

尼康 AF-S Nikkor
14-24mm f/2.8G ED

尼康 AF-S Nikkor
24-70mm f/2.8G ED

　　我的镜头是尼康系，虽然囊中羞涩，但也硬着头皮上了一款尼康 AF-S Nikkor 24-70mm f/2.8G ED 的镜头，这款镜头确实没有让我失望。当你拥有了牛头镜头的时候，如果摄影水平再不提升的话，我相信任何一位爱好摄影的朋友都会嫌弃自己，我曾经就深深地自责过，为什么我不能拍出具有视觉冲击力的摄影作品呢？然而摄影就是在这样的批评与自我批评的过程中，开始由量变到最后的质变的。

　　"黑摄会"摄影师齐林有一款尼康 AF-S Nikkor 14-24mm f/2.8G ED 镜头，我试用后顿时觉得世界都变宽了，并且其成像质量优异，通透锐利！所以如果你的经济状况允许，那就买这款最好的超广角镜头吧。

　　当然如果你拥有的是尼康 D600 以上的机身，我想你肯定会毫不犹豫地买尼康 AF-S Nikkor 14-24mm f/2.8G ED。

1.3.2 野生动物摄影必备镜头

　　来非洲旅游拍什么？野生动物是一个重要的拍摄题材，我相信各位到了马赛马拉肯定会疯狂的，看到活蹦乱跳的羚羊和斑马，在景区门口你就会浪费很多存储空间！在车里你会听到机枪扫射般疯狂的快门声，每当我听到这样的声音，心都会颤抖！当然，我也是这么过来的，我第一次去马赛马拉时就是这种疯狂的状态！所以为了不后悔，你得准备一个非常好的野生动物拍摄镜头。

　　这类问题是针对初学摄影的爱好者解答的，如果你是"老鸟"就请自动略过吧。

6000 元左右： 尼康 18-300mm f/3.5-5.6G ED DX VR，这款镜头是初学者来非洲的必备佳品，价格便宜，焦段又足。在马赛马拉，动物基本上可以在距你 5~10m 的位置，绝对在这款镜头的覆盖范围之内，广角可拍风光，中焦可拍人像，长焦可拍野生动物细节。这款镜头是我在用了 18-200mm 之后升级的镜头，确实非常好用，就是成像质量与 400mm 定焦镜头的差距比较大！

8000 元左右： 腾龙 SP 150-600mm f/5-6.3 Di VC USD，这款镜头是一位世界著名的野生动物摄影大师，也是"黑摄会"的荣誉摄影顾问肖戈老师推荐使用的。它虽然是副厂的，但却是世界上第一支变焦焦距涵盖 600mm 的镜头。其实不看其他的参数，就这个价位也是最近才推出的，要是早几年我肯定不会去买 18-300mm 的镜头，直接入手这款镜头了。这款镜头无论拍鸟还是拍其他野生动物都不在话下，确实值得拥有。

15000 元左右： 尼康 AF-S Nikkor 80-400mm f/4.5-5.6G ED VR，这款镜头的第一代产品建议大家别买，我用了之后感觉对焦特别慢，鸟都飞走了焦还没对上，实在让人抓狂。而这款镜头应该是第一代的升级，据说评价不错，成像质量比第一代产品好了很多，对焦也快了很多。但是在腾龙的焦段与价位面前，顿时这款镜头的性价比就变低了。

48600 元左右：尼康 AF-S 尼克尔 200-400mm f/4G ED VR II，这款镜头"黑摄会"的摄影师有一个，成像之锐利，超乎你的想象。但是价格确实也是可观的！如果你的经济条件允许，还是建议购买的，毕竟在变焦镜头里面，这款镜头确实非常不错。

68000 元左右：尼康 AF-S 400mm f/2.8G ED VR，这款镜头……话不多说，一分钱一分货，我相信看这本书的朋友还没有"发烧"到这种程度吧，如果真的有人要买，我只能说，我们做朋友吧！

尼康 AF-S 尼克尔 200-400mm f/4G ED VR II

尼康 AF-S 400mm f/2.8G ED VR

1.3.3　人文摄影必备镜头

人文摄影在非洲是特别能出片子的，这也是"黑摄会"在非洲一直希望拍摄的题材，所以几乎每一位"黑摄会"的摄影师都有一个人文摄影的镜头。当然，如果你已经准备开始拍摄人文类的作品，我相信你的水平已经是非常不错的了。我试用过的人文镜头也非常有限，所以只能给大家简单介绍一下我所使用的人文镜头与人文摄影的经验。在非洲进行人文摄影拍摄，说实话单反相机确实太大了，巨大的机身，顿时让你成为街头令人瞩目的焦点。所以我一直希望有一款比较小巧、便捷的单反机身，再配一个 35mm 的定焦镜头，这个愿望在 2013 年底，我回国休假的时候实现了。Sony 推出了世界上第一款全画幅微型单反 A7，同时还推出了一款 35mm 定焦的蔡司镜头。所以我毫不犹豫地购买了这款相机和镜头。在随后拍摄的过程中，这款相机的可翻转屏幕是拍摄过程中非常重要的利器，我可以无限地接近低角度，也可以高举相机得到高角度，从而拍摄到很多独特的视角。所以我最喜欢的人文镜头是 35mm 定焦镜头。

1.3.4　三脚架决定你的风光片的质量

对于三脚架的使用，我有一次记忆最深刻的经历。在 2013 年 1 月，我站在世界最高的迪拜哈利法塔，用的是价值 180 元的三脚架，并且占了一个相当好的摄影位置，当架好设备的时候，已经开始发觉不妙，旁边的国外摄影师用的都是高端三脚架，稳稳地架在那里。当看到 180 元的三脚架在寒风中瑟瑟发抖的时候，我有一种想把这个三脚架从哈利法塔扔下去的冲动（在学习摄影的初期，我用的是尼康 D70，这款三脚架确实陪着我度过了很多拍摄的时光，所以什么样的相机配什么样的三脚架）。幸运的是，有那么短暂的一刻，风也不是那么大了，我终于拍到了一张还算满意的照片。好的三脚架的要素是，分量轻、不发抖、性价比高。从迪拜回来之后，我入手了人生第一款 3000 元左右的曼富图三脚架，这算是曼富图品牌中性价比比较高的三脚架。作为一个爱好摄影的人来说，户外拍摄时都会带着大包小包的器材，或许这种行为不被很多人理解，但是我们心里都明白这是对摄影的追求，这种追求是为了在合适的时间、合适的地点，用合适的器材拍出精彩的作品。

迪拜哈利法塔上，鸟瞰迪拜夜景 摄影师 自然

设备型号	尼康 D700	光圈值	F16.0	曝光补偿	0.0
相机镜头	24.0-70.0 mm f/2.8	焦距	24mm	拍摄模式	手动曝光
快门速度	1/30s	感光度	ISO100	测光模式	加权测光
				使用三脚架	

1.3.5 中灰渐变镜——压暗天空的秘诀

开始学习风光摄影的时候，我托人从国内带了一款 4 挡的中灰渐变镜，是打算去塞舌尔旅游的时候拍日出、日落用的，同时还买了一款日落镜（橙色渐变）。在 2012 年的时候，我还没使用过 Lightroom，所以中灰渐变镜在风光摄影中非常的重要。这意味

着在拍摄的时候，曝光是准确的，特别是在拍摄日出、日落的海滨时，可以用更慢的快门，让整个海面变成奶油一般的颜色。到了2013 年，逐步对 Lightroom 有了了解之后，我对中灰渐变镜的依赖就慢慢减弱了，Lightroom 里面的渐变滤镜功能太强大了，覆盖了中灰渐变镜的全部挡位和各种颜色。所以我在后来的摄影过程中，很少会用到中灰渐变镜。中灰渐变镜有硬边和软边两款效果，硬边常用于海景风格，类似地平线比较长和直的画面，而软边常用在山川、建筑等地平线不规则的画面。

塞舌尔拉迪格岛的海景　摄影师　自然

设备型号	尼康 D700	快门速度	1/15s	曝光补偿	+1.0
相机镜头	28-300mm F3.5-F5.6	光圈值	F25.0	拍摄模式	手动曝光
快门次数	11866	焦距	42mm	测光模式	点测光
				使用中灰渐变镜	

1.3.6　偏振镜——碧水蓝天的秘诀

偏振镜是必备的，Lightroom 中找不到合适的替代工具，天够不够蓝，水够不够清澈，都是偏振镜决定的。然而偏振镜的作用远不止于此，在拍摄水流和玻璃的时候非常重要，因为偏振镜最大的用处就是消除反光，如水面和玻璃橱窗的反光。这样就可以拍到更多的细节，如窗户里的事物或者水中的岩石和水草等。偏振镜不仅可以减少镜头的进光量，还能减慢快门速度，起到与中灰密度镜相似的作用。在拍摄风光尤其是压暗天空时，可以让蓝天的色彩更加饱和，突显天空中的云彩。但是物极必反，不要过分使用偏振镜，如树叶和草地的反光，这些反光有利于表现细节和层次，如果使用偏振镜将这些光线消除，画面会过度饱和，导致画面毫无层次。

摄影师 自然

设备型号	尼康 D700	焦距	28mm	拍摄模式	手动曝光
快门速度	1/500s	感光度	ISO200	测光模式	加权测光
光圈值	F11.0	曝光补偿	0.0	使用偏振镜	

1.4　构图与视角

1.4.1　风光摄影构图与视角

　　眼睛看到的美景是一回事，把眼前的景色拍摄下来又是另外一回事。作为一个摄影爱好者，我们首先要拍出眼睛所看到的风景。估计很多人都有这样的感慨，为什么我拍摄出来的照片效果与实际看到的美丽景色不一样？相信我，你的眼睛肯定没问题，相机也没问题，问题在于你不知道怎么去设置相机，那么我们要怎么做才能拍出看到的场景效果呢？

1. 熟悉手中的相机

　　别告诉我你连 M 挡都不会用？如果 M 挡还没搞明白，我想你要做的第一件事情就是去看说明书。风光摄影不是要求你把整本说明书搞明白，但是你起码得知道相机有几种测光模式，快门线怎么接，B 门在哪里，景深如何预览，ISO、快门、光圈在风光摄影的时候如何组合。这些是拍摄前期必须要理解的，只有这样，你才能在最合适的地点，最合适的光线下，拍出最精彩的风光照片。

> **TIPS**　**风光摄影光圈用多少？**
>
> 一个初学者的小窍门：风光摄影光圈在 F8 左右就可以了。
> 但是如果你已经过了初学者的阶段，我会告诉你小光圈、大景深。风光摄影光圈在 F8-F16 之间，对焦点在整个画面由远及近的 1/3 处。但是有时为了降低快门速度或者获得更深的景深，会用到 F20-F22 的光圈。

马赛马拉 serena 酒店，阳光照射在 serena 酒店　摄影师　自然

相机型号	尼康 D700	光圈值	F11.0	曝光补偿	0.0
快门速度	1/125s	焦距	32	拍摄程序	手动模式
		ISO	I200	测光方式	加权测光

2. 如何选择三脚架

选择风光摄影的你很可怜，别人到处散心游玩，而你得扛着重重的三脚架，背着一背包的器材，坐在选好的拍摄点漫长地等待，这是一个风光摄影师必须学会的忍术。好的三脚架完全可以决定一幅风光片是佳作还是烂片，这也是前面提到"重重的三脚架"的原因。什么是好的三脚架？那就是无论你把它置于何地，都能给你带来很稳固的效果的三脚架。我们选三脚架时，首先要选打开之后有你一人这么高，折叠起来可以翻转云台让你低角度拍摄。除了三脚架，云台也是非常关键的，无论是三维的还是球形的，都要能让你迅速地固定相机到你要拍摄的角度去，因为光线是永远不会等待的，它稍纵即逝。看到高画质的照片的时候，你会为你当初选择了一款高质量的三脚架而觉得物有所值。三脚架的价格一般是机身价格的 1/3 左右，如你买的是 10000 元左右的机身，那么3000 元左右的三脚架才匹配（这是在不考虑你使用长焦镜头的情况下的配置）。

3. 调查目的地，寻找最佳拍摄点

每次外出拍摄，我都会打开 Google 地图了解地理位置，这一点非常的重要。如你要去一个海岛拍风光照片，日出、日落肯定是要拍的，所以你就得搞清楚你所住的酒店是在海岛的东边还是西边，如果是东边就拍日出，就别考虑拍日落的事情了，万一酒店位置在北边或者南边，那么恭喜你，你可以睡个懒觉或者索性就别睡觉了，扛着器材到东边去等日出吧。所以我往往以此作为标准来选择酒店。然后就是买一张本地的地图，跟着地图的指示去一些当地著名的景点。到了之后，不要急着拍摄，你可以大致地围着景点转一圈，寻找拍摄的灵感与合适的角度。天气不好也别气馁，往往很多好照片都是在极端天气里拍摄到的。

塞舌尔日落 摄影师自然

设备型号	尼康 D700	焦距	92mm	白平衡	手动
快门速度	1/80s	曝光补偿	-1.0	拍摄模式	手动曝光
光圈值	F11.0	闪光灯	关	测光模式	点测光

4. 学会使用偏振镜、中灰渐变镜和快门线

对于风光摄影爱好者来说，偏振镜、中灰渐变镜和快门线是非常重要的。天空为什么这么蓝，湖水为什么这么清，曝光为什么这么准确，画质为什么这么清晰？答案就是偏振镜、中灰渐变镜和快门线的使用。快门线的使用是非常关键的，一名优秀的摄影师会预升反光板，然后用重物压着三脚架，最后连上快门线或者无线快门遥控器，这样就能消除所有造成震动的因素。

5. 认真构图

有很多朋友总想把眼前美丽的景色都包容进一张照片里面，这种心态可以理解，我也是这样过来的。当你拍完照片，美美地认为终于拍到一张美景了，回到家里坐在计算机前查看的时候，你会更加满意自己拍摄的作品，然后很自豪地传到自己的博客里面，结果却没有多少人欣赏。这个时候我能理解你的心情，一种沮丧，一种不甘。此时你肯定在想，这些人都不懂得欣赏。朋友，当你有这样的想法时，请一定要冷静地想想，对于构图你真的了解吗？在我学习摄影的时候曾有位大师曾告诉我，摄影就是做减法，当时我一直没能理解这句话，但是随着拍摄越来越多，反思也越来越深入，最终我理解了减法的含义，因为"简洁"往往是一张成功的风光片的构图原则。我们一定要去决断画面中最重要的因素，然后把一切无效信息排除，接着寻找有趣的前景与视觉引导线，合理地去布局，也不要让地平线横切画面，让其位于画面的上 1/3 处或者下 1/3 处。

6. 做一个参考图册，寻找独一无二的角度

我有个拍摄风光片的小诀窍，即把喜欢的风光照片都收集起来，然后注明其拍摄参数，接着复制这些照片到手机里面，这样无论拍摄什么样的场景都可以迅速地找到需要的拍摄参数，这在前期学习风光片的时候非常有帮助，因为学会临摹是创新的基础。这也是很多摄影爱好者提高摄影技术的一种最快捷的方式，而我也是乐此不疲，去某个景区拍摄之前，我都会提前做好功课把网上能找的风光片都看一遍。来到现场，如果你确定找到了一个从未有人拍过的角度，那么恭喜你，一张好照片就要诞生了！

1.4.2 野生动物摄影注意事项

对于我们这些身处非洲的摄影爱好者来说，拍摄野生动物的机会是非常难得的，平日里工作忙碌，景区一年也只能去一两次，其实与国内游客差不多。但是由于常年在非洲工作，所以每年都有机会去拍摄倒是真的，而且每次都可以提升一些摄影方面的技能，这确实比从国内来非洲的摄影爱好者有很大的优势。

1. 一定要带上长焦镜头

没有长焦镜头拍什么动物啊？动物园里估计都不是很好拍吧。

（1）拍摄角马过河

至少得是 400mm 以上焦段的镜头，为什么？旺季的时候看角马过河，可以说是车山人海啊！角马过河之前，森林警察会控制现场秩序，所有旅行社的车子都得退到比较远的地方等着，这样才能不打扰角马的迁徙行动。角马一旦开始过河，那是千军万马啊！一发而不可收！所以有一个长一点的镜头是非常必要的，角马奔腾入河的瞬间，是拿生命在过河啊！

角马过河大全景（25 张照片竖片拍摄接片。展现河岸的角马群与对岸的游客车群的对峙场面）

（2）拍摄五大兽

300mm 焦段的镜头就足够了，一般我们都有机会以 10m 左右的距离靠近这些动物，300mm 的镜头足够让你拍摄特写了。什么是五大兽？狮子、花豹、水牛、大象、犀牛，在马赛马拉景区，狮子、大象、水牛是毋庸置疑的霸主。花豹和犀牛都比较难得，据说马赛马拉总共才有十多头犀牛，能碰上算是行大运了。而神龙见首不见尾的花豹经常躲在树上，我一次都没有拍到过非常好的花豹照片，但是很多"黑摄会"的摄影师都有非常好的花豹摄影作品。

摄影师 齐林

摄影师 齐林

摄影师 齐林

（3）拍鸟

总有那么一些摄影爱好者是来追鸟的，非洲的鸟类众多，然而最有特色的恐怕就是火烈鸟了！

大家可以先看一部 BBC 的纪录片《火红羽毛》，对火烈鸟有个初步的印象。在肯尼亚一般要去博格利亚湖拍火烈鸟，当火烈鸟迁徙到肯尼亚的时候，这里简直就是火烈鸟的天堂。"长枪短炮"各有千秋，爱鸟的摄友们，还等什么？我对鸟类摄影没有什么研究，主要是我的镜头没有特别长的，有一次我拿到了一款尼康第一代的 80-400mm 镜头，于是带着它去了桑布鲁国家公园，这款镜头虽然焦段够用但是有个很大的缺点，就是对焦慢，实在是拍得太累了，飞行的鸟的特写镜头完全抓不住，唯一能拍的就是停在枝头的鸟的肖像特写。但是据很多爱拍鸟的摄友说："腾龙的 150-600mm 镜头是拍鸟神器，你值得去拥有"。

2. 眼睛是心灵的窗户

在野生动物摄影中，我最看重的就是野生动物眼睛里的眼神光，别小看那么一点光，这绝对是决定摄影作品优劣的最重要因素。再好的构图，只要动物的眼睛没有灵性的眼神光，那么这张照片中的动物就失去了生气，如标本一般。当然，拍摄野生动物的时候是不能使用闪光灯的，所以要靠环境光去实现眼神光反射，对焦点也要在动物的眼睛上，这样才能得到清晰的眼神效果。

3. 豆袋

在马赛马拉景区，拍摄野生动物基本都是在车上，在园区里是不允许下车的。万一下车的地方，从茂密的草丛里扑出来一头狮子，我估计你肯定要吓哭的！相信我，马赛马拉的常规旅游线路是没有机会让你用三脚架的，所以在车上最方便的就

摄影师 齐林

是使用豆袋，豆袋的制作方法非常简单。肯尼亚最不缺的就是各种豆子，我一般是买绿豆，懒惰一点的办法就是直接买一袋 1kg 的绿豆去景区，最好选外包装厚实一些的，以免用着用着外包装就破了，拍完照片后，可以把绿豆带回家烧绿豆粥。别看那么一小袋豆子，在车上拍摄的时候减震效果非常好，通常我们会让司机熄火，这样拍摄会更加稳定。所以豆袋是拍摄野生动物必备的装备之一。

4. 高速存储卡

在非洲拍野生动物，一般需要多少容量的存储卡比较合适？对于这个问题，说实话很难衡量，因为每个摄影爱好者的习惯不一样。我在学习摄影的每个阶段，拍摄习惯也是不一样的。摄影初学者刚到景区，肯定会因为面前如此近距离的野生动物而疯狂，可以从进景区到晚上回酒店都处于亢奋状态，如果他拿着一部 5D3 相机的话，那种机枪扫射般的声音肯定会不绝于耳。我估计 32GB 的存储卡，一天就可以拍满了。其实我也是这么过来的，一开始丝毫不心疼快门，把相机调到高速连拍挡，随便按。后来才慢慢想明白，其实大多数拍的都是场景重复的废片。或许你会说也许其中某一个动作非常好？当然我不排除这种可能性，但是废片太多了，在后期整理和修图的过程中就是一场灾难。于是我开始减少拍摄的数量，看准了再拍。在减少拍摄数量的同时，我们要确保存储卡的存储性能的稳定，不同的存储卡读写速度上的等级划分还是很明显的。不同品牌、不同类型的存储卡会采用不同的标准来表示自身的读写速度等级。所以一定要在来非洲之前在国内测试好，选一款存储速度最快的存储卡，这样才能保证你在马赛马拉抓拍动物的时候不会漏掉任何一个瞬间。

1.4.3 非洲人文摄影的经验

非洲的风光拍得够多了，野生动物也拍全了，"黑摄会"的摄影师开始寻找新的拍摄方向。去年冬天我入手了一部索尼 A7 的全画幅微单相机，配上 35mm F2.8 定焦的蔡司镜头，希望能在人文摄影的这条路上有所创新。然而端起 35mm 定焦镜头时，我开始迷茫了，人文摄影应该怎么拍？光圈怎么选择？这是很多像我这样的摄影爱好者的疑问。后来在漫天寻找摄影经验的过程中看到了一篇文章——《跟寇德卡学习 35 定》，看了这篇文章，我知道了应该从哪些方面去努力。

第 1 是基本功的练习。定焦镜头应该在哪些场合使用？掌握镜头感是一种条件反射，但也确实是可以培养的。和我最初学习风光摄影时一样，可以拿着大师的照片临摹学习，模仿拍摄参数，当拍摄多了之后，脑海里就会立即反映出应该设置的参数。

第 2 是学会找光线。人文摄影没有风光摄影和野生动物摄影那么宽广的空间，人文摄影往往是在小空间内寻找光线，光就是摄影的生命。

第 3 是学会使用光圈控制景深。景深就是空间感，说实话，这部分确实是没有用过定焦镜头的摄影师的弱项，例如，28mm 镜头、光圈 F8、4m 外全清晰，这样的景深表要背会。什么？记性太差？咱有高科技，安卓手机或者苹果手机你都可以在 App 市场里面搜索一下景深计算器，非常好用，可以瞬间解决很多困扰我们的问题。人文摄影也是要下苦功练习的，它不是拍静物，所以最好能形成条件反射。

第 4 是寻找决定性的瞬间。在合适的时间、合适的地点，再配以合适的参数，按下快门。通常一次出行，有那么一个决定性的瞬间，这次出行就值了！

焦距 24mm、光圈 F2.8、快门速度 1/80s、ISO6400

母亲 摄影师 齐林

设备型号	尼康 D4	焦距	24mm	白平衡	手动
相机镜头	24.0-70.0 mm f/2.8	感光度	ISO6400	拍摄模式	手动曝光
快门速度	1/80s	曝光补偿	0.0	测光模式	点测光
光圈值	F2.8	闪光灯	关		

设备型号	尼康 D4
相机镜头	70.0-200.0 mm f/2.8
快门速度	1/400s
光圈值	F4.0
焦距	135mm
感光度	ISO2000
曝光补偿	0.0
闪光灯	关
白平衡	手动
拍摄模式	手动曝光
测光模式	点测光

练拳击的小孩 摄影师 齐林

1.5 分析照片

　　通过前面的介绍，想必大家已经明白，要想拍出一张好的照片，其实要做很多的准备工作。如果你不想做这些准备工作，只想临时拿着相机到著名的景区，然后拍出绝世好图，这种可能性叫作摄影大师班，即一位摄影师在那边等着你，帮你调整好参数、对好焦、取好景，最后让你按个快门！你觉得这有意思吗？如果觉得没意思，那么就认认真真地学习各种摄影基本功和技巧吧！只有多拍照，多反思，才能走出一条属于自己的摄影之路。有些朋友比较极端，认为只要是做过后期的照片就不算是真正的优秀摄影作品。我不认同这个观点，我认为摄影就是还原眼睛所看到的美丽景色，只有优秀的后期工具才能够修正你的照片，将其调整到与人眼看到的一样的效果。我比较喜欢用 Lightroom，因为 RAW 格式包含了现场所有的信息，我们只需加加减减，就能还原现场真实的场景。Photoshop 的功能太强大了，如果水平高，甚至可以在空白的画布上画出你要的场景。所以我身边的很多摄影师朋友都在使用 Lightroom。

　　那么一张 RAW 格式的照片摆在你的面前，应该先从哪个方面入手？下面将以一张照片作为案例，介绍如何创建一个有效的工作流程。

这是原片与Lightroom修改后的照片的对比。我的Lightroom修图思路也只是我的修图习惯，各位大神要是看到本书千万见谅。我也是在学习的过程中，如果有更好的办法，我会再努力学习的。

首先使用"剪裁叠加"工具调整构图，如地平线找水平，重新剪裁等操作；然后根据"直方图"的提示调整基本参数，并实现一个目的，即过亮的地方变暗，过暗的地方提亮，争取画面曝光平衡；接着调整"清晰度"使画面更清晰；再做局部调整，通过"渐变滤镜""画笔工具""污点去除""红眼校正"等工具进行微调；再做细节调整，通过"锐化""减少杂色"等工具让细节更完美；最后根据个人喜好增加暗角或者使用插件进行黑白等特效的处理。

奔跑的桑布鲁人（尼康 D700、27mm、f/8、1/125s、ISO125）

一群桑布鲁人在 Ngong 山上赶着羊群奔跑，阳光刚好从他们的背后照射过来，山上的风吹动他们身上厚厚的马赛布，慢快门体现奔跑的动态效果。

后面的章节，我们会把每一张最终呈现出来的"黑摄会"优秀作品通过 Lightroom 的实例进行讲解，手把手地与读者进行 Lightroom 修图的交流。

第 02 章

Lightroom
技术修图
集　　锦

Lightroom

2.1 偶遇 Lightroom

　　摄影是孤独的，就像一个剑客成长的过程，而相机就像是剑客手中的剑，都说剑法练到极致就是无招胜有招，摄影何尝不是？任何一个摄影爱好者的成长都是在孤独寂寞的等待拍摄中度过的。很难想象，一群人闹闹哄哄地一拥而上能拍出什么样的绝世大片。而摄影师技术的提升是需要交流的，一个人独自摸索也是可以的，但是有大师或者朋友对你碰到的摄影瓶颈有那么一两句点拨，绝对可以让你的技术提高一个层次。

　　我开始使用 Lightroom 也是非常巧合的一个机会，在和"黑摄会"摄影师齐林的交流过程中，得知他最近正在使用 Lightroom，那个时候的软件版本是 Lightroom 4.0。说实话当时我半信半疑地安装了 Lightroom4.0，心想真有这么神奇，比 Photoshop 还好用？说起 Photoshop，这是我 2002 年上大学期间学会使用的软件，我学习软件从来不是买一本教科书一样的教程仔细地看，我喜欢在有任务的情况下，以完成任务为目地地学习软件。Photoshop 是我在一次老师交代的给一家纽扣公司做产品手册的情况下，用 5 天时间强行琢磨学会的。我认为软件是拿来用的，不是用来折磨人的，所以也希望把 Lightroom 的学习当作一项任务。

　　说实话，我挺害怕把这一章写成了 Lightroom 标准教程，事无巨细地罗列出所有的 Lightroom 的功能。网上有那么多的免费教程，你们为什么来买我这本书啊？其实我也是处于 Lightroom 的学习阶段，很担心把大家带上歪路，所以本着学习的态度来写这一章，边学习，边总结，尽量以案例的方式来说说拍完照片后，我是如何将照片导入 Lightroom，如何选择照片，如何调整照片，如何导出照片的。这样，无论你会还是不会，按照这个流程进行操作，都能顺利地把一张照片制作完成。另外，本章还会讲解一些非洲特色照片的处理方法。

2.2 重新构图怎么办

　　请别纠结目前使用的 Lightroom 的软件版本如何，Lightroom 的升级版本除了新增的功能之外，界面从 Lightroom 4.0 到 Lightroom5.0 都是差不多的。如果你用的还是 XP 系统的计算机，那么你只能使用 Lightroom 3.0 的软件，因为 Lightroom 4.0 及其以上版本只支持 Vista 和 Win7 系统。所以如果你希望用更高版本的 Lightroom，就请更换你的操作系统吧。

　　本节主要讲述在 Lightroom 中如何重新构图，除此之外，还有如何导入照片和筛选照片的知识。

2.2.1 文件导入

　　相信很多朋友都是当天拍完的照片不及时处理，拖着拖着，最后就忘记了。为了克服这个拖延症，我强迫自己当天的照片，必须当天处理，处理几张也行，但绝对不能放到第二天再去处理。这个习惯我从 2006 年就养成了，就算是半夜 2 点，都会坚持处理完当天的照片。

　　我的导入方法和网上的教程不一样，我习惯多重数据备份，即两个移动硬盘互为备份，而且备份的都是 RAW 格式的源文件。对于数据备份我比较谨慎，相信眼见为实，所以采取手动备份。

❶ 把照片导入 Lightroom

在硬盘上建立一个摄影文件夹，以日期 + 拍摄地点或项目的名称命名，如 20140807 肯尼亚；然后复制相机存储卡里的 RAW 格式的照片到这个文件夹里面。由于我已经手动复制照片的源文件到硬盘上了，所以打开 Lightroom 可以直接通过添加文件夹的方式把照片导入 Lightroom 进行操作。

❷ 选择文件夹

在 "选择或者新建文件夹" 对话框中，找到要添加的 RAW 格式的存放目录，然后单击 "Select Flolder（选择文件夹）" 按钮 Select Folder （因为我的计算机是从非洲买的，所以只有英文操作系统）。

❸ 注意事项

完成之后，在弹出的导入窗口中有 4 个知识点需要注意。

1. 这种导入方法只有一种 "添加" 模式，添加模式是 "将照片添加到目录而不移动"。所以在 Lightroom 里添加的图片只是快捷方式。

2. 构建预览请选择 "标准" 选项，这是最合适的预览方式，其他的方式大家可以自己尝试。

3. 勾选 "不导入可能重复的照片"，可以保证你不会重复添加照片。

4. "导入预设" 参数设置现在是 "无"，打开之后，会有其他的选择，单击 "将当前设置存储为新预设" 选项。然后在弹出的 "新建预设" 对话框中，修改里面的 "预设名称" 为导入方式。这个名称可以自己随便取，只要清楚是什么意思即可。

❹ 导入

设置完成后单击"导入"按钮，返回到之前的"图库"界面。

❺ 查看文件夹信息

在左侧的"文件夹"选项中，可以看到导入的文件夹的名称、路径及照片数量，方便操作过程中选择照片。一般的视频教程讲到这里会用到一个照片筛选功能，我个人觉得这个步骤可有可无，我一般是把每一张照片都浏览过后，才会选择放弃哪张照片。

2.2.2 修改照片

❶ 裁剪叠加

重新构图怎么办？使用鼠标左键单击"修改照片"选项，然后单击"裁剪叠加"按钮 ，开始对照片进行裁剪。

❷ 查看画面

此时画面中出现了裁剪的方框，并叠加了参考线。

❸ 裁剪参考线叠加

　　使用快捷键 O，即可切换"裁剪参考线叠加"的类型，我个人喜欢使用三分法则的参考线。读者可以根据自己的喜好进行裁剪。

❹ 使用角度功能

　　"裁剪"工具中的"角度"功能非常好用，它可以用来找水平。通过这个工具，可以保证你的地平线是水平的。

❺ 调整画面

　　以此为例，单击"角度"工具之后，鼠标指针会变成▄，然后可以在画面中按照你认为的水平线拉一条直线，然后画面就会以此为水平，并自动调整。

❻ 最终调整

　　画面自动调整水平之后，再通过画面的 4 个角上的▀▄符号进行调整，最终确定要裁剪的部分。对于这张照片我使用的是对角线构图（红色的线），把大树和几个人都放在三分法则交点上，这几个交点就是通常说的视觉交点，也就是吸引观众视线的地方。

2.3 CCD 脏了怎么办

CCD 脏了？估计是在摄影过程中，在车上更换镜头时，灰尘不小心进入了 CCD 造成的。本节不是教大家如何用酒精清洗 CCD，而是碰到这个问题之后，在 Lightroom 中该如何把这个脏点给消除。

"污点去除"工具是 Lightroom 中非常好用的一个工具。以前使用 Photoshop 的时候，"污点去除"是非常简单的。而使用 Lightroom4.0 的时候，我感到非常失望，说实话，Lightroom 4.0 中的这个"污点去除"工具确实不是很理想。随着 Lightroom 技术的革新，Lightroom 5.0 的这个工具的可用性高了很多。一些原来只能在 Photoshop 中实现的去污效果，慢慢地在 Lightroom 中也可以轻松实现了。

下面给大家介绍一下这个工具的具体用法。

❶ 分析照片

白色框中的工具即是"污点去除"工具。在纳瓦沙湖中，圆圈中的 2 只黑色的黑颈鸬鹚是非常多见的。暂且把这 2 只水鸟当作污点，看我是怎么把它去掉的吧！

❷ 污点去除

单击"污点去除"工具 ◉，鼠标指针会变成像一个靶子的形状。滑动鼠标中键就可以放大和缩小这个靶圈，其实这个圈也可以在右侧的画笔工具栏里进行选择。其中，"大小"是指这个靶圈的大小，"羽化"是指内圈与外圈之间的羽化程度，"不透明度"是指如果你还想保留一点影子的话，可以通过调节不透明度来设置。

❸ 调整参数

使用"污点去除"工具去掉左边的鸟。滑动鼠标中键调整靶圈的大小，然后调整具体参数，"大小"为 76，"羽化"为 57，"不透明度"为 100。

❹ 选择复制对象

　　首先使用鼠标圈住黑颈鸬鹚并单击鼠标左键，此时系统会自动在旁边的空白区域选择一块可以替换的对象，读者可以拖动旁边的圆圈，选择想要复制到黑颈鸬鹚这个位置的对象。

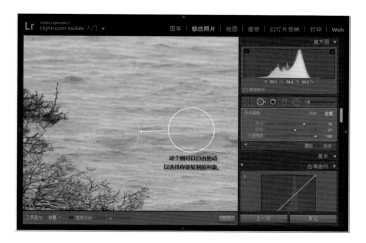

❺ 完成修复

　　当操作完成之后，如果觉得没问题了，可以单击"完成"按钮 完成 ，完成修复工作。此时红圈里面的黑颈鸬鹚已经不见了！而且周围也过渡得比较理想，不用使用 Photoshop 重新调整。如此明显的大黑点都可以解决，所更别说 CCD 上的小黑点了，对于 Lightroom 来说就是小菜一碟。

2.4　出现红眼怎么办

　　出现红眼怎么办？很多初学者可能不知道什么是红眼，这里有必要解释一下。红眼现象的产生是由于闪光灯的闪光轴与镜头的光轴距离过近，在外界光线很暗的条件下，人的瞳孔会相应变大，当闪光灯的闪光透过瞳孔照在眼底时，密密麻麻的微细血管在灯光照射下，将鲜艳的红色反射回来，最终在眼睛上形成"红色"的自然现象。

　　因为现在的相机很多都有去红眼的功能，所以我们现在很少能拍到带红眼的照片了。本节使用的这张去红眼的照片，是我问遍了"黑摄会"的摄影师，最终在"黑摄会"摄影师杜风彦的老照片里找到的他自己的带红眼的照片。这里有必要介绍一下杜风彦，他独自一人从中国出发骑行一年半到达南非，神人啊！言归正传，还是来说一下怎么去红眼。

❶ 打开照片

　　打开红眼的照片，然后在右侧的工具栏中找到"红眼校正"工具。

❷ **调整红眼工具范围**

把鼠标指针移动到眼睛的部位，然后单击鼠标左键放大图片，接着单击选择"红眼"工具，滑动鼠标中键即可调整红眼工具的范围大小。

❸ **修改红眼**

将十字框中间的红心对准瞳孔的中心，然后单击鼠标左键，Lightroom 就可以为你修改红眼了。

这样瞳孔上的红色就修改好了，最好在拍照的时候就注意别拍出红眼。

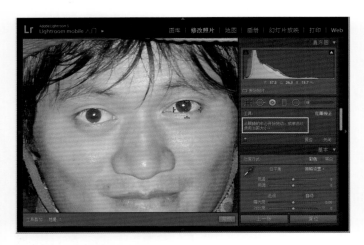
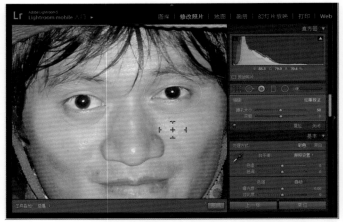

2.5 没有中灰渐变镜怎么办

没有中灰渐变镜怎么办？Lightroom 中我最喜欢的就是"渐变滤镜"工具，为什么？它能使我不用带中灰渐变镜照样可以有很蓝的天空。在 Lightroom 软件出来之前，确实没有什么特别有效的办法，只能用 Photoshop 去做蓝天，但效果却不是很自然，而我总希望所见即所得，如果能把原片上的信息恢复出来就更好了。所以本节要为大家介绍一下"渐变滤镜"的使用方法。

❶ **查看渐变滤镜工具**

图中白色框选中的就是"渐变滤镜"工具。

在风光摄影中，在天空与地面反差很大的情况下，需要使用"渐变滤镜"工具把天空压暗，从而丰富云层的细节，使整个画面更加柔和。图中拍摄的是纳瓦沙湖旁边的小湖，属于私人保护区。

❷ 设置滤镜

　　首先对照片进行适当的剪裁，使天空与山的交界处处于整个画面的上 1/3 处；然后单击"渐变滤镜"工具，从上向下地拖曳，在画面中设置一个滤镜，再使滤镜中间的线条和山水的交界线靠近且平行。

❸ 添加云层细节

　　在"蒙版"控制面板上调节参数，减少"曝光度"到 −0.95，然后增加"清晰度"到 100，"对比度"为 21，"高光"为 −25，"阴影"为 11，这样原本毫无细节的天空，就出现了云层的细节。这是多么神奇的工具啊！

TIPS　**如何保证拉出来的滤镜是垂直的**

按住 Shift 键，然后创建滤镜。

❹ 对比效果

　　增加滤镜前后的天空效果对比。

2.6 笔刷工具

本节讲解"调整画笔"工具，"调整画笔"工具是人文摄影和野生动物摄影中使用率最高的工具。我主要将其用在两个地方，其一是对于眼睛的修饰，提亮眼睛和修饰眼神光；其二是对局部不规则的地方增减曝光和清晰度。这是普遍的用途，当然读者还可以根据自己的需要去发掘这个工具的其他用途。下面将结合实例讲解这个工具的具体使用方法。

在右侧"直方图"下的 ▬▬▬▬ 就是"调整画笔"工具了，本节将使用该工具对照片中的小狮子进行适当的调整。这头小狮子叫作"希望"，它是联合国秘书长潘基文 2014 年在肯尼亚的动物孤儿院领养的小狮子。这头小狮子才 6 个月大，它非常的可爱活泼，我是在管理员允许的情况下拿着 70-200mm 镜头，并蹲在地上，镜头差不多与它保持在一个水平线上拍摄的。当时距离大概只有 4m，由于现场不允许使用闪光灯，所以我提高了 ISO，并使用大光圈，再对焦在小狮子的眼睛上，希望能拍出想象中的眼神光。小家伙非常的可爱，对着我吐舌头，但是大家也看到了，原片的眼睛并没有非常的出色，所以我需要使用"画笔工具"调整一下眼睛的效果。

当我单击"画笔工具"后，鼠标指针变成了同心圆的形状，圆的外圈与内圈之间的这个圆环就是羽化的区域。所以你不用太担心由于手抖导致不该被修改的地方也被修改了。

TIPS 画笔调整工具里的常用名词解释。

1. 内圈为大小，外圈为羽化。
2. 流畅度：类似于阀门闭合到全开所出的流量，100 的流量等价于作用两次 50 的流量（一般用于瘦脸，使五官更有立体感）。
3. 密度：削弱前面所有的设置，如果饱和度为 −100，曝光度为 4，密度为 50，那实际饱和度只为 −50，曝光度为 2（如不需要过于细致地处理，此值一般为 100）。
4. 自动蒙版：可以更换特定区域的特定颜色。
5. 羽化：使选定范围的边缘达到朦胧的效果。

❶ 涂抹眼睛区域

　　首先放大狮子的眼睛，然后单击"画笔调整"工具，接着勾选画面下方的"显示选定的蒙版叠加"选项，这样我们就可以清楚地看到所选择的范围。再滑动鼠标中键进行画笔大小的选择。在狮子的眼睛部分涂抹时，能够清楚地看到眼睛变成了红色。

❷ 完成调整

　　进行参数调整时，需要把"显示选定的蒙版叠加"选项取消。读者只需要调整画笔上的各个参数进行尝试，就能摸索出这个工具的用途了。

2.7 曲线调节工具

在讲"曲线调节工具"之前，先讲解一下直方图，直方图对于我们来说，无论是在拍摄的时候还是在后期制作的过程中都是非常重要的概念。直方图就是曝光是否准确的风向标，左边溢出就是欠曝，右边溢出就是过曝。当然很多高手还有更详细的理论，但是我觉得对于初学者来说，太深奥了反而听不懂。

❶ 分析照片

下图就是右边溢出了，所以我的解决办法就是让它别溢出，怎么操作？将高光和白色色阶向负方向拖曳。当不溢出的时候，就可以停止了。其中可以先减少白色色阶，如果效果不明显，再减少高光。

❷ 调整暗部

由于整个直方图上显示暗部不够暗，所以就要让暗部变暗，因此得让直方图左边的山脚往左走，怎么操作呢？减小阴影和黑色色阶的值即可。

❸ 对比效果

对比一下调整前后的图片效果。

是不是感觉曝光理想多了呢？学习完直方图，还要对色调曲线进行了解。Lightroom 的控制面板的布局是有讲究的，从上到下，一步一步地调整就行了。跟随这样的工作流程，一张照片就不知不觉地调整好了。

首先需要对色调曲线的控制界面有个大概的了解。

色调曲线有一个"曲线图"，鼠标是可以在上面直接调整的，也可以通过下方"区域"内的滑块进行调整。有朋友也许会问，"直方图"和"色调曲线"有什么不同呢？这也是我把"直方图"和"色调曲线"放在一个小节里面讲的原因。

上面我们已经学习了"直方图"，知道直方图就是用来控制画面曝光的，让白的更白，黑的更黑。那么既然有了"直方图"为什么 Lightroom 还要提供给我们一个叫作"色调曲线"的工具呢？这是因为"色调曲线"实现的效果是直方图实现不了的，它能调整得更加细致，作为一个好的摄影师，肯定希望精益求精，那么"色调曲线"就给了摄影师一个机会，让你的照片在细节上更加出色，具体怎么出色，下面就开始分解了。

如何让蓝天更加蓝，却不曝光过度？在"色调曲线"里面有两个滑块可以控制这个，一个是"高光"，另一个是"亮色调"，两者可以提高亮部，但是所影响的区域是不一样的。我们做个试验大家可以对比一下区别在哪？

❶ 调整高光

下图是在调整"高光"滑块，以"直方图"上"白色色阶"不溢出作为调整标准。"高光"为 + 47，其影响的是"曲线图"顶部的 1/4 区域。

❷ 调整亮色调

下图是在调整"亮色调"滑块，也是以"直方图"上"白色色阶"不溢出作为调整标准。"亮色调"为 + 41，其影响的是"曲线图"顶部的 1/2 区域。

通过上图的对比，我们可以清楚地看到，"亮色调"影响的是"高光"2倍左右的区域，那么你就应该清楚了，要想细调高光的区域，可以调整"高光"滑块，如果要调整大部分亮部的细节，可以调整"亮色调"滑块。理解这个原理之后，大家举一反三就可以理解"暗色调"和"阴影"之间的区别。这个要点非常重要，说实话我在写这本书的时候也是一知半解，但要写这一节我就得搞清楚原理，所以我仔细地寻找了各方面的参考资料来做这个总结，当然这对我自己的水平也有提升，因为我也学会这一招了。在日后的摄影日子里，我就可以对照片进行更精细的调整了。

❸ 使用小工具

下图中有个"单击以编辑点曲线"小图标，这是一个非常好用的工具，通常单击这个图标之后就可进入相应的编辑界面。

TIPS 如何快捷调整曲线

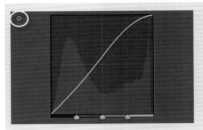

看到白圈圈起来的工具了吗？这个工具可以让你直接在画面上进行各种亮度区域的调整。大家可以尝试一下。

❹ 固定中间调

进入编辑界面之后，单击色调曲线的中间点，固定中间调，确保无论怎么调整曲线，中间调都不会变化，这样既可放心地进行高光和阴影的调整，又不影响中间色调。

我相信通过对这节的学习，大家会对"色调曲线"工具刮目相看。说实话，我以前确实很少用这个工具，但是从今天开始，我也会常用这个工具更加仔细地调整画面。

2.8 HSL、颜色、黑白模块的调节

HSL、颜色、黑白模块的调节是非常重要的，为什么？你是不是一直很希望自己的照片颜色能更加艳丽，更加出彩？它们就是实现你的愿望的秘密所在。

HSL是什么意思？H表示颜色的色相，S表示颜色的饱和度，L表示颜色的明度。在以前使用Photoshop的时候，我对色彩的控制一直没把握，主要是因为Photoshop里面调整的技巧太难了。但Lightroom让这个技术变得非常简单，简单到只需要单击鼠标，再对着相应的颜色进行拖动就行了！

TIPS　**色相、饱和度、明度的含义**

色相：色相指的是色彩的外相，是在不同波长的光照射下，人眼所感觉到的不同的颜色，如红色、黄色、蓝色等。

饱和度：指的是色彩的纯度，也叫色度或彩度，是"色彩三属性"之一。如大红比玫红更红，这就是说大红的色度要高。

明度：指颜色的亮度，不同的颜色具有不同的明度，如黄色比蓝色的明度高。在一个画面中不同明度的色块可以帮助表达画作的感情，如果天空比地面明度低，就会产生压抑的感觉。

说实话，上面的解释我没看明白，还是按我自己的理解来解释一下。

色相：平时大家经常说的，你今天穿了件红色的上衣、白色的裤子，你很清楚这是衣服的颜色，这就是所谓的色相。

饱和度：红色具体来说有深红、玫瑰红、血红、粉红等，这是由红色的不同饱和度而形成的色彩差异。

明度：如一件红色的衣服，在阳光下你看到这件衣服的红色明度和在房间里看到的会有区别，明度就是这样来调整的。

❶ 调整 HSL

　　还记得之前的那个小圈圈符号吗？单击选择相应的 HSL 前面的小圈圈，就可以进行色彩的调整。

❷ 调节色相

下面开始对色相先进行调节。

先选择色相前面的小圈圈符号，然后在马赛妇女的蓝色服装上进行调整。单击蓝色往上拉，滑块往右移动；往下拉，滑块往左移动。

下图是单击蓝色一直往上拉，蓝色的色彩滑块往右移动到底，此时看到画面中的颜色已经变成了紫色。这个色相滑块非常有意思，可以给人的衣服换颜色。

❸ 调节饱和度

接下来开始对饱和度进行调整。

选择饱和度前面的小圈圈符号，然后在马赛妇女的蓝色服装上进行调整。单击蓝色往上拉，滑块往右移动；往下拉，滑块往左移动。

下图是单击蓝色一直往上拉，蓝色的色彩滑块往右移动到底，此时看到画面中的蓝色部分变得非常蓝。如果希望让蓝天更蓝，绿草更绿，就可调整该滑块。

❹ 调节明度

最后我们对明度进行调整。

先选择明度前面的小圈圈符号，然后在马赛妇女的蓝色服装上进行调整。下图是单击蓝色一直往下拉，蓝色的色彩滑块往左移动到底，此时看到画面中的蓝色部分变得非常黯淡。是不是有一种很压抑的感觉，蓝色给人的感觉是忧郁的，尤其是如此阴暗的蓝色。

❺ 单独调整 HSL 属性

读者可以自己调整看看，每一个滑块都可以改变属于它们的 HSL，所以需要亲自来调整选择适合的色彩。

调整完"HSL"，接下来学习"颜色"的调整。其实就是针对每一种颜色的 3 个 HSL 属性进行单独的调整，所以不赘述，直接看图。

❻ 黑白工具

接下来要说的是黑白，Lightroom 给了我们一个可以把彩色照片转成黑白照片的机会。当然这个黑白功能不算特别强大，但还是勉强可以用的，一般我在调整黑白照片时会使用 Lightroom 专用的黑白插件，这里不特别说明，后面会详细讲解。先来学习 Lightroom 自带的黑白工具的使用方法。

❼ 调整照片黑白明暗

我们选择小圈圈，对画面进行黑白明暗的调整。黑白片怎么调？让黑的更黑，白的更白，这是要点。使天空更加阴沉，以突出云层的效果。单击天空然后往下拉动，蓝色的滑块向左移动到底。然后提亮马赛人的脸部，即调整紫色和洋红滑块。

2.9　色调分离的基本用法

是不是经常会听到别人说德味、徕卡味之类的词？这种照片的色彩效果就是通过色调分离来选择的。我们今天就来看看这个工具是怎么使用的。

❶ 调整色相

只需要调整高光和阴影里面的色相就可以调整你所要添加的颜色了。

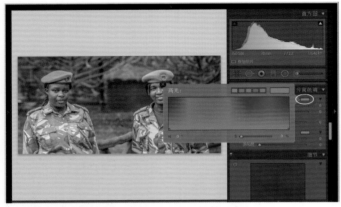

❷ 得出效果

对高光和阴影都相应地进行调整之后，就得到了下面这张图片。

高光和阴影的色彩都可以根据需要进行调整，这里没有确切的数值，需要独自摸索。图中照片的阴冷色调有点像美国军事大片的感觉。

2.10 锐化、减少杂色工具的使用

本节讲解拍摄夜景时，修复高 ISO、有噪点等问题的工具，这些工具对于喜欢拍夜景的朋友很有帮助。

星空银河不能放大，放大了全是噪点。这是我在纳米比亚的一个山区（号称是星空的守护者）拍摄的，这个地方很大，人口非常少，因此城市光对星空的影响很小。山区几乎没有任何城市光线的干扰，当然你还得关闭车大灯。星空的照片最好通过"锐化"和"减少杂色"工具来调整，这样才能让画面更通透。

❶ 查看工具界面

我们先看看这款工具的操作界面，由导航窗格、锐化和减少杂色 3 个区域组成。

❷ 分析照片

对于这张银河的照片，我需要对长时间曝光后照片上产生的噪点进行修复。先用"锐化"工具看看效果。"锐化"顾名思义就是让画面更清晰，通过调整"数量""半径""细节"和"蒙版"来精细地调整画面的细节，尤其是"蒙版"选项，它可以让你仔细地调整需要调整的区域。

❸ 减少杂色

接下来看"减少杂色"选项，这里分为根据亮度的选择来减少杂色和根据颜色的选择来减少杂色两种。其中常用的是根据亮度的选择来减少杂色。调整方法是按住 Alt 键然后滑动滑块。

TIPS　小窍门

按住 Alt 键，然后调整"数量""半径""细节"和"蒙版"，你可以很清楚地看到画面效果的变化情况。并且图片会变成黑白片，这样能更加清晰地看到修改的效果。

❹ 对比效果

我们看一下前后的对比，看看效果到底如何？

银河比之前清晰很多。

2.11 镜头校正用法

广角镜头会产生畸变，Lightroom 提供的这个工具能够根据你提供的镜头型号给出一个解决方案，以帮助解决畸变的问题。而它还有一个非常有用的功能，就是去紫边或绿边。

❶ 分析照片

这是在纳米比亚拍摄的教堂，由于我当时刚从室内走出来，忘记调整参数了，导致天空部分曝光不理想，但是我还是很喜欢这张照片。因为 24-70mm 镜头的 24mm 端拍摄的建筑物会有畸变，所以我需要用镜头校正的功能修复一下。另外，由于天空与建筑物过渡得不是很自然，已经有绿边出现了，所以还需要把这个绿边修掉。

❷ 识别绿边

勾选了镜头校正里面的"启动配置文件校正"选项之后，Lightroom 就会自动地寻找相机镜头的数据，即使你用的镜头比较普通，Lightroom 也能识别到。下图中，红色的圆圈圈出来的就是讨厌的绿边，我希望通过镜头校正工具里的"颜色"选项将其消除。

❸ 去除绿边

由于要去掉的是绿边，所以先把绿色的"量"设置为 20；然后减少绿色色相，将右边的滑块往蓝色区域拖动，再勾选删除色差，这样就可以很轻松地把绿边消除。同样，如果有紫边，就对紫色的色相进行调整。

❹ "手动"

"手动"选项我很少使用。在做一些特效时，可能会用到，读者可以自己摸索一下。

2.12 预设安装与第三方工具的安装

　　知道影楼的秘密吗？影楼的秘密就是有一套 Photoshop 的修图动作，差不多场景的照片，只要用相同的操作步骤，就可以得到一模一样的照片效果。而 Lightroom 同样给我们准备了很多预设，还有很多预设是网友根据自己的经验创造的。Lightroom 的预设文件在网上都可以下载。当你下载了这些插件后，你会瞬间成为 Lightroom 高手，因为你站在了 Lightroom 大师的肩膀上！相信我！Lightroom 插件你绝对值得拥有。

　　怎么才能拥有这样强大的插件工具呢？下面来了解一下 Lightroom 的插件是什么样的文件，默认放在计算机的哪个位置。

❶ 打开"左侧模块面板"

　　首先我们要知道怎么调用 Lightroom 的"左侧模块面板"。执行"窗口＞面板＞显示左侧模块面板"菜单命令，这个面板就出现了，单击图片上左侧的三角形符号，也可以让这个面板出现，当然还有更好的办法，即按快捷键 F7 调出这个面板。

❸ 查看文件

　　此时，可以很清楚地看到"预设"存放的路径，也可以看到"预设"文件的后缀名叫作 *.lrtemplate。搞清楚这些问题之后，接下来开始导入预设。

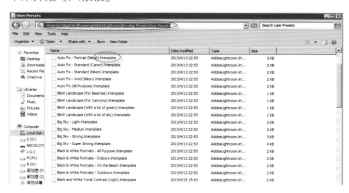

❷ 打开首选项

　　执行"编辑＞首选项"菜单命令，然后在弹出的"首选项"对话框中，单击"预设"选项卡，接着单击"显示 Lightroom 预设文件夹"选项。

❹ 建立文件夹

　　如何导入预设文件呢？首先在"预设"面板的空白处单击鼠标右键，新建文件夹。

❺ **命名文件夹**

在弹出的对话框中输入想要新建预设的文件夹名称，这里使用"新预设"，完成后单击"创建"选项。

❻ **选择"导入"**

单击选中刚刚创建的"新预设"文件夹，然后单击鼠标右键，选择"导入"选项开始导入。

❼ **导入预设**

在弹出的"导入预设"对话框中，找到并单击下载的预设，即可完成导入。

❽ **应用预设**

预设的应用其实很简单。打开需要添加预设的图片，然后单击刚刚导入的预设就可以了。看到了吗？效果还不错吧。

❾ **导出预设**

如何导出预设？更换计算机的时候，就会用到这个功能。很多预设都是你心爱的，所以最好在你使用的计算机上都配备。首先选择要导出的预设，然后单击鼠标右键，选择"导出"选项，接着找到要保存的位置。

 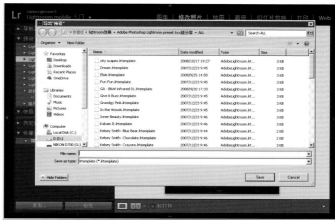

Lightroom 还有一个更加强大的第 3 方外部编辑插件功能，这个功能超级强大！我最喜欢的黑白效果使用的就是 Nik Software 研发的第 3 方外部编辑插件，该插件可以与 Lightroom 工作流程无缝切换。

下面介绍 6 款第 3 方插件的强大作用。

- Color Efex Pro：用于颜色校正、修整图像和提供创意效果的整套滤镜。
- Viveza：选择性地调整图片的颜色和色调，且无需进行复杂的遮罩或选择。
- Sharpener Pro：专业人士首选的图片锐化工具，能呈现隐藏的细节。
- Silver Efex Pro：利用这款由暗室启发得来的控件体验黑白摄影的艺术。
- HDR Efex Pro：从自然到艺术，发掘 HDR 摄影的无限可能。
- Dfine：具有降噪功能，增强图片质量。

这里只做推荐，在后面的案例中会有使用介绍。

2.13 Lightroom 综合应用——移轴效果简单做

既然已经把 Lightroom 的大部分功能都说完了，接下来我们要看看 Lightroom 能做出哪些特殊的效果。今天我们要做一个小练习，就是使用渐变滤镜来制作移轴摄影效果。

首先说一个概念：移轴摄影是什么意思？

百度百科上说：移轴摄影即移轴镜摄影（Tilt-Shift photography），泛指利用移轴镜头创作的作品，所拍摄的照片效果就像是缩微模型一样，非常特别。移轴镜头本来主要是用来修正普通广角镜头拍照时所产生的透视问题的，但后来却被广泛用来创作变化景深聚焦点位置的摄影作品。移轴镜摄影是将真实的世界拍成像假的一样，使照片能够充分地表现"人造都市"的感觉，也就是小人国的感觉。

这种照片在以前只有使用移轴镜头才能拍到。而移轴镜头大多需要上万元人民币！

而我们现在只需要单击鼠标，就能省下这笔钱了！欢呼吧！既然 Lightroom 能实现如此好的效果，那么什么样的照片可以让 Lightroom 来实现这个效果呢？

并非所有的照片都可以做成移轴效果。小人国的感觉，顾名思义就是你是巨人，你从高处俯瞰大地。这就很明确了，就是说要爬到高处，然后拍摄鸟瞰的全景照片，你可以爬到高楼、高山或者塔吊上，然后按正常的拍摄风景照的设置拍摄。当你拿到照片的时候，你又应该把焦点设置在哪个位置呢？下面我们就讲解一个制作移轴效果的实例。

首先准备一张鸟瞰的图片，这是我站在肯尼亚高教部 18 层的办公室里拍摄的，俯瞰 KICC 里面举办的房车拉力赛的出发地的影像。这比较符合巨人俯瞰的效果，接下来对这张照片进行制作。

❶ 设置渐变滤镜参数

选择渐变滤镜工具▣，并从上往下拉一个滤镜。然后将滤镜的"清晰度"和"锐化程度"全部向左移动到 −100。

❷ 增加滤镜

接下来增加一个从下往上拉的滤镜，参数同上。

❸ 再次增加滤镜

此时感觉一个滤镜不够，需要上下都增加一个滤镜，参数调整也一样。好了，增加两个滤镜之后效果就出来了！

❹ 对比效果

单击画面右下方的 🔳 按钮，对比图片。

这就是最终的效果对比图

2.14 油画般的 HDR

Lightroom 能实现 HDR 效果，这是我在一次调片过程中偶然发现的，其实 Lightroom 提供了 HDR 功能的插件，但是我刚开始用 Lightroom 时，还没摸索到这个高级的功能，所以都不知道还有插件。本节讲一下我是如何误打误撞地调出 HDR 效果的。

这也说明了一个问题，即有时候在随意调整的过程中你可能会发现一些新的小窍门。好了闲话不多说，接下来看看 HDR 效果是如何实现的。

TIPS　什么是 HDR

HDR 的全称是 High Dynamic Range，即高动态范围，如所谓的高动态范围图像（HDRI）或者高动态范围渲染（HDRR）。

HDR 可以用 3 句话来简单概括。

1. 亮的地方可以非常亮。

2. 暗的地方可以非常暗。

3. 亮暗部的细节都很明显。

刚开始我只是想把这张照片提亮，因为拍摄的时间是中午，肯尼亚在赤道附近，阳光从上午 9 点左右开始就是从头顶往下直射的了，所以照片中人的脸部是漆黑的。对于这张照片，我控制的应该还可以，刻意地欠曝一些，如果曝光过度细节就找不回来了。

❶ 调整曝光

通过调整"曝光"让整个画面看起来正常一点。于是我把"曝光度"设置为 + 0.26，"高光"设置为 −100，"阴影"设置为 + 100，然后按住 Alt 键调整"白色色阶"为 + 1。再按住 Alt 键调整"黑色色阶"为 −16。

❷ 提高清晰度

提高"清晰度"为 + 100。由于清晰度提高，画面的"黑色色阶"会出现变化，我得让黑色的部分不要溢出，所以需要再调整一下，当"黑色色阶"为 + 14 的时候，就比较理想了。最后再增加"鲜艳度"到 + 50，此时整个画面就鲜艳起来了。

❸ 再次提高清晰度

观察照片之后，我还希望画面"清晰度"再高一些。这时需要用"调整画笔"工具来增加"清晰度"。首先设置"调整画笔"的参数，"大小"为 32、"羽化"为 100、"流畅度"为 100，然后勾选画面下方的"显示选定的蒙版叠加"选项，接着开始涂抹画面，此时涂抹后的区域会变成红色。涂抹完毕之后，取消对"显示选定的蒙版叠加"选项的勾选，然后根据画面的需要设置"曝光度"为 0.20、"清晰度"为 100、"饱和度"为 19、"锐化程度"为 40。这样整个画面就清晰多了。

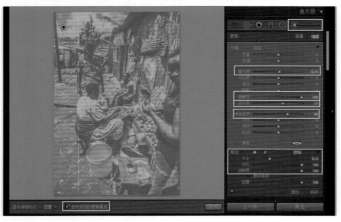

❹ 调整色阶

以上调整完之后，基本已经可以了，但是为了精益求精，再观察直方图，发现"白色色阶"和"黑色色阶"均有溢出，所以继续调整"白色色阶"和"黑色色阶"，只要让它们都不溢出即可。最终将"白色色阶"调整到 −56、"黑色色阶"调整到 + 23 就可以了。是不是感觉这张照片的 HDR 效果非常明显呢？这就是我在调整高光和阴影的过程中偶然调试出来的效果。后来这张照片放到网上，很多朋友都说它是一张油画，好吧，我是不会告诉你们这是用相机拍的，哈哈。

第 03 章

风 光 篇

Lightroom

3.1 日出与日落

3.1.1 走遍坦桑尼亚桑给巴尔岛

在桑给巴尔岛的石头城有一家非常著名的酒店——MARU MARU HOTEL。日落时分，在这家酒店最顶层的屋顶酒吧里，点一杯鲜榨果汁，欣赏日落的美景，感觉好极了！从这里可以欣赏到桑给巴尔岛沿海风光，非常的美丽。

1. 拍摄地索引

忙碌了一年，这次假期我一直期待能去桑给巴尔岛。在网上找了很多资料，发现大家去这里也就玩2~3天，我们决定来一次桑给巴尔岛深度游。

桑给巴尔岛由安古迦岛（Unguja）和奔巴岛（Pemba）组成，桑给巴尔城在安古迦岛上，桑给巴尔岛主要是指桑给巴尔城。桑给巴尔岛是世界上最美的岛屿之一，它像一颗璀璨的宝石镶在印度洋宁静的水面上。

2. 拍摄器材

相机	尼康 D700
镜头	尼康 AF-S 尼克尔 24-70mm f/2.8G ED，尼康 AF-S 尼克尔 70-200mm f/2.8G ED VR II

3. 拍摄前的准备

　　去之前，我翻阅了很多桑给巴尔岛的相关资料，包括历史、人文、著名景点等。别看桑给巴尔岛面积不大，值得去看的地方还是很多的。我初步地罗列了一下。

　　景点 1 石头城：桑给巴尔的石头城约有 150 年的历史，面积为 0.96 km²，包括居民区、花园、集市和街道。石头城里保留着阿拉伯人、印度人和欧洲人留下的文化遗产，与非洲传统文化和谐相融。

　　景点 2 香料之旅：去桑给巴尔岛的香料园好好看看丁香、桂皮、茴香、黑胡椒，那里还有很多香料的种植基地。

　　景点 3 约扎尼森林：位于桑给巴尔城东南 35km 处，是安吉迦岛（Unguja）上唯一一片保留较好的森林。在森林里，游客可以看到种类繁多的动植物，里面还有稀有动物红疣猴。

　　景点 4 监狱岛：监狱岛（Changuu）是桑给巴尔岛西侧的一个小岛（乘摩托艇约 30 分钟）。这座岛屿长约 805m，宽约 201m，如今监狱岛已经成为一个旅游景点，游客可以在这里休息，享受阳光、游泳、潜水，在海滩上漫步，观赏百年老龟。

　　景点 5 北部海岸：白色沙滩。

　　景点 6 南部海岸：海豚之旅。

4. 精彩照片

　　我拿着相机游走于桑给巴尔岛的石头城里，不想请导游，想自己去探寻石头城的秘密，来到一个陌生的地方，这或许是摄影师都喜欢的一种旅行方式。我看到一位爱哭的小女孩，便悄悄地拍下了她哭泣的样子。

街头玩康乐棋的少年，用手指头将塑料薄片弹进洞，据说这种棋来自印度，我怎么觉得和中国的康乐棋非常相似啊！为了拍这张照片，我和他们周旋了好长时间，有的孩子不愿意，有的很开心，我都不知道怎么办才好，于是乎，让他们中愿意拍照的到前面来，不愿意拍照的到后面去。终于被我摆平了！不过说实话，27mm 的镜头还是不够广啊！

走在小巷里，经常会有这样的轻骑驶过，于是我就坐在路边，等待轻骑经过，希望拍出动态的效果。

4 位桑给巴尔岛少年坐在海边等日落，届时他们就可以回家吃饭了。我为他们拍完照片后给了他们一人一颗糖果，他们很开心地将其放进口袋，居然没有当场吃掉，他们真是严格、守时、守规矩啊！

奇迹屋是桑给巴尔岛上第一座有电灯和电梯的宫殿，所以也叫作珍奇宫。站在屋顶上，可以鸟瞰四周。

桑给巴尔岛不只是石头城好玩，更好玩的地方在北海岸，中文译作"龙归"。这里是休闲度假的最好去处，有桑给巴尔岛最漂亮的海滩和蓝色的印度洋；美丽的欧美姑娘在沙滩边走过，微风吹起她的纱巾，于是我顺势拍下了这一幕。

逛完了石头城，我们来到海边。今天我们要出海去著名的监狱岛看看。这位是为我们开船的船夫，他是租用别人的船来赚些微薄的酬劳。

日落时分，海边玩球的少年，夕阳把海水映成金色。

晚归的渔船，一人在前面掌舵，一人在后面撑船。

我坐在海滩边静静地观察这位少年，他坐在自行车的后座上，呆呆地望着远方，很久很久。

日落时分，晚归的三角帆船缓缓地驶过，我就等在那里，一张一张地拍，直到它开到太阳的正下方。

前面提到的三角帆船，我们有必要去参观一下。看到他手上的这把锄头了吗？这就是制作三角帆船的典型工具。

这家店是专门卖珍奇古玩的，收藏了很多具有悠久历史的桑给巴尔岛古董，连墙上的车牌都是古老的印记之一。

这位是桑给巴尔岛的地陪，他可以带你走遍桑给巴尔岛的著名景点。当自由行结束之后，还是有必要听听他们讲的关于桑给巴尔岛的历史文化故事的。

到桑给巴尔岛，必须去看看桑给巴尔门的制作工艺，这是桑给巴尔岛的文化遗产，工艺复杂，雕工精细。这样一扇门简直就是艺术与文化的结合，上面链条的寓意是家中有奴隶，每个花纹都有自己的含义。

在桑给巴尔岛最让人兴奋的一件事情就是看海豚，很多欧美的游客只要快艇一追上海豚就停下来，然后跳进大海，与海豚共游。可惜我是个不敢在大海中游泳的人，关键是我还有两部相机啊！

好了，风光也看完了，我们言归正传，开始讲解第一张风光照片的 Lightroom 的处理过程。

3.1.2 桑给巴尔岛石头城照片分析

夕阳是我去海边的拍摄主题，大海和夕阳简直就是绝配，百拍不厌。

原片分析：拍摄参数

相机	尼康 D700				
镜头	AF-S Nikkor 24-70mm f/2.8G ED				
ISO	400	焦段	24mm	光圈	f/10
快门	1/800s				

把 RAW 格式的照片置零，然后在这样毫无设置的白纸之上开始我们的 Lightroom 之旅。

镜头校正：选择右侧面板上的"镜头校正"，并勾选"启用配置文件校正"选项。

解读：首先，用广角拍摄风光，肯定会有镜头的畸变，所以可以充分地利用 Lightroom 的"镜头校正"功能。当你选择了镜头校正之后，Lightroom 就会自动匹配你的相机镜头参数的配置文件，大部分的镜头都是支持这个操作的。

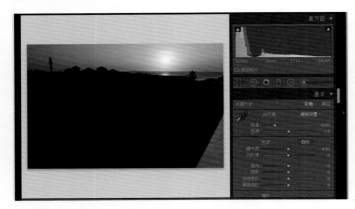

找水平：在右侧的"工具条"中单击"裁剪叠加"按钮▦（快捷键为 R），然后在工具中找到"角度"按钮。

解读：利用"角度"工具，在地平线的位置从左向右拉一条直线，如果地平线不水平，它能自动帮你校正。

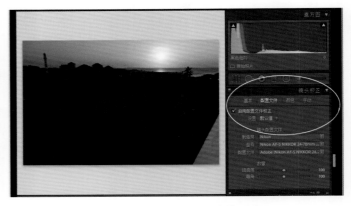

确定构图：拖曳裁剪框，确定要保留下来的图像。

解读：由于是风光摄影，所以我在拍摄前基本已经考虑清楚取景的范围了。

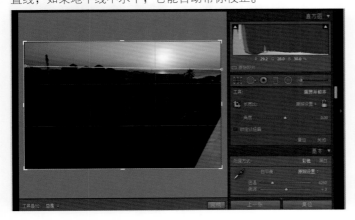

裁剪多余元素： 确定好保留的元素后，按 Enter 键或双击图像确认裁剪。

解读： 我当时的测光点是在天空的云层附近，所以太阳的曝光还算理想，但是这些建筑物却非常黑，需要进一步调整一下。

在直方图中寻找曝光依据： 展开"直方图"面板，查看画面的明暗分部。

解读： 傍晚拍摄的照片，容易出现局部过曝的情况，所以接下来需要在直方图中调整白色色阶与黑色色阶的分布情况。

调整整体画面： 在"基本"面板中调整各项参数，"色调"为 + 3，"高光"为 −20，"阴影"为 + 100，"白色色阶"为 −13，"黑色色阶"为 + 100，"清晰度"为 + 100，"鲜艳度"为 + 20，"饱和度"为 −5。

解读： 为了让画面细节更为丰富，首先提高"清晰度"到 + 100，原片的色调就是 + 3，所以不用改变。由于画面很暗，所以需要提高"黑色色阶"到 + 100，提高"阴影"到 + 100，这样暗部细节就全部出来了。为了不让太阳显得那么刺眼，需要把"白色色阶"降低到 −13，把"高光"降低到 −20，这样直方图右上角的三角形就会变暗，说明高光部分得到了显著改善。接下来提高"鲜艳度"到 + 20，降低"饱和度"到 −5，改善一下画面的色彩。

改善天空的色彩： 在右侧的"工具条"中单击"渐变滤镜"按钮（快捷键为 M）。

解读： 我在地平线上方增加一个渐变滤镜，主要是想通过添加滤镜的色彩来改善天空的颜色和曝光。我希望天空是日落的橘红色，所以单击蒙版面板最下方的"颜色"　　　旁边的色彩选取框选取橘色。接下来调整"蒙版"面板中的参数，我将"清晰度"调整到 100，这样天空可以更清晰；"曝光"调整到 −1.01。这就是我当时在观景台看到的天空色彩，太阳会更加柔和一些。

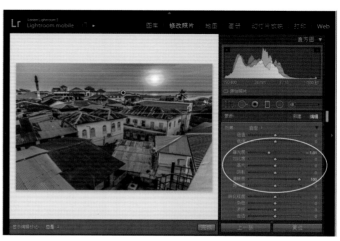

改善右下屋檐的亮度： 在右侧的"工具条"中单击"调整画笔"按钮（快捷键为 K）。

解读： 我感觉右下方的屋檐有点太亮了，容易分散观者注意力，于是想稍微地调整一下，但又不想影响整个画面。调整画笔参数，"大小"为 7.9，"羽化"为 100，"流畅度"为 100，然后勾选画面下方的"显示选定的蒙版叠加"选项。这样就可以很清楚地看到画笔涂抹过的地方变成了红色。

调整屋檐的曝光

解读： 我把"清晰度"调整到 −64，"曝光"调整到 −1.75，这样整个屋檐就黯淡下来了，不会太抢镜。

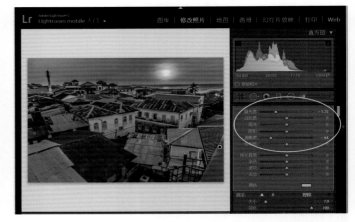

调整整体色彩： 在操作面板中找到"HSL"下的"饱和度"选项，把"红色"调整到 + 32，"橙色"调整到 + 40，"绿色"调整到 + 36，"蓝色"调整到 + 26。

解读： 通过调整红色、橙色、绿色和蓝色，从而改善了天空的色彩、蓝色屋顶的色彩、远处的绿树的色彩，还有一些红色房顶。

消除镜头上的脏点： 在右侧的"工具条"中单击"污点去除"按钮（快捷键为 Q）。

解读： 使用 Ctrl++ 组合键来放大画面，调整画笔的"大小"为 57、"羽化"为 57、"不透明度"为 100，把画面中的黑点全部去掉。

查看整体效果： 单击画面下方的"完成"按钮，对比原片与调整后的效果；单击画面左下方的"对比"按钮，查看对比效果。

美丽的日落照片，还需要精彩的后期制作，否则如何展现你当时看到的美景？ Lightroom 能让你的照片化腐朽为神奇。

3.1.3 桑给巴尔日落照片分析

原片分析：拍摄参数

相机	尼康 D700				
镜头	尼康 AF-S NIKKOR 70-200mm f/2.8G ED VR II				
ISO	200	**焦段**	200mm	**光圈**	f/8
快门	1/2000s				

把 RAW 格式的照片置零，然后在这样毫无设置的白纸之上开始我们的 Lightroom 之旅。

在桑给巴尔岛拍日落其实是最有意思的事情，因为你不知道在日落时分会有什么景色会从你的眼前飘过！但是可以肯定的是会有东西从你眼前飘过。你肯定不知道当时我在等日落的时候有多纠结，眼看日落了，海面上还是空荡荡的，心急如焚：怎么还没有船开过来啊！恨不得自己架好相机，然后再去划船从相机前面飘过，是不是很傻？事实证明真的不用很刻意地去拍什么船，缘分会让很多有意思的景色从你眼前飘过的。如图中的这艘小船和这些归家的渔夫。

找水平： 在右侧的"工具条"中单击"裁剪叠加"按钮██（快捷键为 R），然后在工具中找到"角度"按钮███。

解读： 利用"角度"工具███，在地平线的位置从左向右拉一条直线，如果你的地平线不水平，它能自动帮你校正。

裁剪多余元素： 确定好保留的元素后，按 Enter 键或双击图像确认裁剪。

解读： 通过裁剪，让观者聚焦在你想表达的主体上。

确定构图： 拖曳裁剪框，确定要保留下来的图像。

解读： 日落时分，船上左边的人比较有趣味性，所以将其放在九宫格左下角的位置，同时我希望海平面在下 1/3 的位置，所以我选择这样的裁剪方式。

使用"污点去除"： 在"基本"面板中使用"污点去除"工具◯（快捷键为 Q）去除画面中多余的部分。

解读： 先把鼠标指针移到画面上，看到画面右边的两个黑色的物体了吗？单击鼠标左键，会把物体放大，其在这么简洁的画面上明显有些突兀，所以需要用"污点去除"工具将它们去除。

去除小的黑点： 选择"仿制"，然后手动调整污点去除工具的"大小"为 62、"羽化"为 57、"不透明度"为 100。

去除黑色污点：选择"仿制"，然后手动调整污点去除工具的"大小"为 80、"羽化"为 57、"不透明度"为 100。

调整整体画面：在"基本"面板中调整各项参数，"高光"为 -67、"黑色色阶"为 -10，"清晰度"为 + 33。

解读：从直方图中可以看出，高光和黑色色阶都溢出了，但本来就是剪影，黑色比较黑才正常，可是白色太白就得考虑减曝了。所以我把"高光"减到 -67，然后让黑色更黑一点，把"黑色色阶"减少 -10，再调整一下清晰度，这样画面的光线就比较合理了。

改善天空的色彩：在右侧的"HSL"面板中单击调整饱和度。

解读：调整 HSL 面板中的"饱和度"选项下的"橙色"为 + 23，整个画面就更加金黄了！

查看整体效果：单击画面下方的"完成"按钮，然后对比一下原片与调整后的效果；单击画面左下方的"对比"按钮，查看对比效果。

　　我之所以选择这张图进行讲解，就是想说明一个问题：不要以为我们有 Lightroom 就可以随便调整照片，Lightroom 是在你拍摄的照片有一定的水平时才能体现其神奇的功能的。所以如果我们前期就拍得很好，后期其实不用做太大的调整，稍加修饰，一张美丽的照片就诞生了！

3.1.4 桑给巴尔少年的照片分析

原片分析：拍摄参数

相机	尼康 D700				
镜头	尼康 AF-S 尼克尔 24-70mm f/2.8G ED				
ISO	400	**焦段**	24mm	**光圈**	f/5
快门	1/250s				

　　把 RAW 格式的照片置零，然后在这样毫无设置的白纸之上开始我们的 Lightroom 之旅。

　　桑给巴尔岛的少年给人一种阿拉伯人与非洲人混血的感觉。这 4 位少年估计在广场上被游客拍习惯了，一开始没向我要钱，而是很配合地摆 POSE，最后当我拍完的时候，他们伸出小手向我要钱。我以为他们是在开玩笑，后来发现他们是以此赚零花钱的。拍一次每人 5 美元。所以你去桑给巴尔岛拍人像时要先问问。后来我还给了他们一些糖果，他们把糖果藏在口袋里，说要等日落再吃。

在直方图中寻找曝光依据： 展开"直方图"面板，查看画面的明暗分部。

解读： 一看这个直方图，我心里就暗叫糟糕，过曝了！不过不用担心，可以在 Lightroom 中进行调整。那么接下来就和我一起看看，如何调整直方图让画面变得不那么惨白。

调整整体画面： 在"基本"面板中调整各项参数，"曝光度"为 –0.70，"高光"为 –42，"阴影"为 + 8，"白色色阶"为 –57，"黑色色阶"为 + 20，"清晰度"为 + 100，"鲜艳度"为 + 10，"饱和度"为 –5。

解读： 首先调整"清晰度"为 + 100，让桑给巴尔岛少年的皮肤更加清晰和光滑，接着降低曝光度，让右侧的高光溢出得到减缓，然后通过"高光"和"白色色阶"的减少进一步让高光部分变得柔和，最后适当地提高"阴影"和"黑色色阶"。这样画面的曝光就好很多了。

调整整体色彩： 在操作面板中找到"HSL"下的"饱和度"选项，将"橙色"调整到 –15，"黄色"调整到 –12，"绿色"调整到 + 12，"蓝色"调整到 + 25。

解读： 因为少年身上的颜色偏黄，所以要减少黄色和橙色，再增加一点衣服的绿色和天空的蓝色。

使用预设调整画面效果： 在左侧"导航器"下的"预设"选项中找到以前导入的"用户预设"为 Vignette（Light）。

解读： 适当地使用预设可以减少摄影师的很多工作量。我使用这个效果就是为了增加暗角，让画面的主体更加突出。

查看整体效果： 单击画面左下的"对比"按钮 ，查看调整前后的对比效果。曝光和效果是不是都好了很多？

3.2 山水风光

3.2.1 乞力马扎罗山下的大象

乞力马扎罗山峰真的不容易看到，因为它常年都在云层里。我去过两次，深知能见到乞力马扎罗山峰的真面目就是一种缘分。最后我将这张照片命名为"夕阳下的乞力马扎罗"。

1. 拍摄地索引

乞力马扎罗是非洲第一高峰，来肯尼亚的朋友只有在安布塞利国家公园才能有幸一睹乞力马扎罗的雪顶。能看到雪顶是十分幸运的事情，我去了两次，都没有看到雪顶，更别说拍到一头大象在乞力马扎罗山峰下戏水的场景了。不过这都没有关系，"黑摄会"

的摄影师齐林这次拍到了。因为是雨季，所以乞力马扎罗的雪线降低了。

2. 拍摄器材

相机	尼康 D4
镜头	尼康 AF-S 尼克尔 24-70mm f/2.8G ED

3. 拍摄前的准备

　　肯尼亚与坦桑尼亚交界处的安布塞利国家公园，坐落在非洲第一高峰乞力马扎罗的山脚下。在安布塞利，无论你从哪一个角度都能仰望这座终年积雪的山峰。5 月是雨季，这让想一睹乞力马扎罗真容的游客们失望而归。当然，乞力马扎罗并不是安布塞利唯一的观赏对象。国家公园中，成群结队的象群绝对是"谋杀"相机存储卡的主力军。去安布塞利之前，我也做了很多功课，希望拍摄时能以乞力马扎罗为背景，前面站着几头大象或长颈鹿作为前景。想法总是很美好，然而这种照片的确是可遇而不可求的，只能根据现场的情况选择性地拍摄照片。"黑摄会"的摄影师齐林这次又看到了乞力马扎罗山，并拍到了山下的大象。

4. 精彩照片

3.2.2 夕阳下的乞力马扎罗山照片分析

原片分析：拍摄参数

相机	尼康 D4				
镜头	AF-S Nikkor 24-70mm f/2.8G ED				
ISO	3200	焦段	70mm	光圈	f/11
快门	1/400s				

把 RAW 格式的照片置零，然后在这样毫无设置的白纸之上
开始我们的 Lightroom 之旅。

找水平： 在右侧的"工具条"中单击"裁剪叠加"按钮■（快捷键为 R），然后在工具中找到"角度"按钮■。

解读： 利用"角度"工具■，在地平线的位置从左向右拉一条直线，如果你的地平线不水平，它能自动帮你校正。

确定构图： 拖曳裁剪框，确定要保留下来的图像。

解读： 由于是风光摄影，只需要保留你觉得需要的信息就可以，其他的一概可以裁切掉。

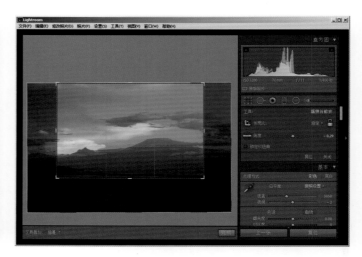

裁剪多余元素： 确定好保留的元素后按 Enter 键或双击图像确认裁剪。

解读： 裁剪之后就得到了我们想要的初稿，很显然照片偏暗，所以需要通过直方图进行调整，让画面明亮起来。

在直方图中寻找曝光依据： 展开"直方图"面板，查看画面的明暗分部。

解读： 由于拍摄的是夕阳，并且在野外几乎没有机会让你架设三脚架，所以摄影师一般会通过提高 ISO 来达到安全快门。大家可以看到，画面的颗粒比较粗，这就是高 ISO 引起的。

调整整体画面：在"基本"面板中调整各项参数，"曝光度"为 + 0.95，"高光"为 −63，"阴影"为 + 48，"白色色阶"为 + 76，"黑色色阶"为 −50，"清晰度"为 + 24。

解读：首先提高曝光度，让整个画面明亮起来，这个时候不需要想太多，你只要让乞力马扎罗的雪顶显现出来而且清晰可见就可以了。有时还需要通过其他的手段来让画面看上去更美丽。

改善天空色彩：在右侧的"工具条"中单击"渐变滤镜"按钮 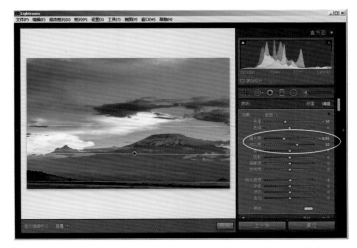（快捷键为 M）。

解读：我在地平线上方增加了一个渐变滤镜，主要想通过添加滤镜的色彩来改善天空的颜色。

调整白平衡：在右侧的"工具条"中单击"基本"选项，找到"白平衡"设置，慢慢移动"色温"到 5300。

解读：降低白平衡可以让天空的色彩更蓝一些。

调整乞力马扎罗的雪顶清晰度：在右侧的"工具条"中单击"调整画笔"按钮 （快捷键为 K）。

解读：用画笔工具选取雪顶，然后调整笔刷大小，通过滑动鼠标中键进行放大或缩小，按住空格键可以进行移动，按 Ctrl++ 组合键可以进行放大。选好要修改的区域之后，勾选"显示选定的蒙版叠加"选项，调整画笔的"对比度"为 11，"清晰度"为 100。

调整色调曲线： 在右侧的面板中找到"色调曲线"。

解读： 让画面的对比更加突出。

调整细节： 先减少杂色，调整"明亮度"为49，"细节"为92。然后进行锐化，调整"数量"为66，"半径"为2.0，"细节"为15，"蒙版"为89。

解说： 整张照片主要是曝光不够所以噪点比较多，需要通过锐化和减少杂色对画面进行处理。

查看整体效果： 单击画面下方的"完成"按钮 完成 ，然后对比一下原片与调整后的效果，单击画面左下方的"对比"按钮 ，查看对比效果。

TIPS **调整画面的对比度**

色调曲线使用方法如下。

直接单击本区域右下方的"点曲线"，可选择3种对比度。

直接拉动色调曲线，其原则是色调曲线越陡峭，画面的对比度越大。根据此原则拉高高光部分的色调曲线，拉低阴影部分的色调曲线可以增大对比度。或者鼠标指针移到色调曲线的相应位置后，会出现圆点，此时用上下键也可以控制曲线的上下移动。

最方便的工具：目标对象调整工具（以下简称TAT）。在"色调曲线"区域中的左上角，TAT显示为一双层同心圆 。单击此圆点后，鼠标指针将变为圆点，移动到画面中对应的位置，按住鼠标左键后，上下移动鼠标指针则该区域对应的色调曲线区域将对应地上下移动。

调整画面色彩： 在右侧的面板中找到"HSL"里的"饱和度"选项，调整"橙色"为 + 28，"蓝色"为 −38。

解说： 我希望通过色彩的调整增强晚霞的橘色感觉，减弱整个湖面偏蓝色的感觉。

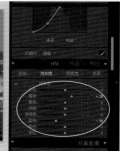

夕阳下的乞力马扎罗山

3.2.3 津巴布韦钱币石的秘密

　　津巴布韦的平衡石公园仿佛一个巨人国的游乐园，这些数吨重的巨石相互叠加，保持不倒，巨石分布十分广泛，规模之大，真乃人间奇观。

1. 拍摄地索引

　　这片土地上最神奇的莫过于这些万年不倒的钱币石（因为平衡石出现在津巴布韦当地货币上，所以当地人称其为钱币石）。地表的岩石在长期的自然风化作用（阳光、水、空气、生物等）下会沿裂隙面或薄弱面发生裂解，但裂解的速度不一样，这就是所谓的差异性风化。差异性风化形成的"石头"的面貌千差万别，特别是当多个巨大的石头叠置在一条重心线上时，就会形成令人心动的平衡石景观。

　　公园里面的石头都是这样摆放的，仿佛一个大大的棋盘，随处叠着这样神奇的石头。

2. 拍摄器材

相机	尼康 D700
镜头	尼康 AF-S 尼克尔 24-70mm f/2.8G ED

3. 拍摄前准备

　　津巴布韦是美丽的，我去的时候正处于南半球的秋天，秋高气爽。这种日子是我在肯尼亚体会不到的，肯尼亚四季如春，没有明显的季节变换。去平衡石公园，总是希望能拍摄其壮观的场面，表现出石头的高大巍峨，所以广角镜头是必备的，我还是照例带上了 24-70mm 镜头，这是出门必备之物。

其中一处平衡石由 3 块巨石叠垒而成，极为壮观，还被印在了津巴布韦的纸币上。

　　津巴布韦的石雕是非常出名的，在非洲石雕工艺中，津巴布韦的石雕可以排第一位，除了石雕工艺，每件石雕的造型也各不相同。我喜欢这样的创意雕塑，它们都出自这些平凡的工匠之手。

　　我一只手拿着相机，另外一只手做着各种动作，这种自拍也非常有意思。左边的是汉堡包，右边的是托塔李天王。

3.2.4 津巴布韦钱币石照片分析

原片分析： 拍摄参数

相机	尼康 D700				
镜头	AF-S Nikkor 24-70mm f/2.8G ED				
ISO	250	**焦段**	24mm	**光圈**	f/8
快门	1/800s				

确定构图： 拖曳裁剪框，确定要保留下来的图像。

解读： 在平时的摄影中就要养成一个很好的习惯，即在拍摄的时候就要注意构图，这样在后期制作的时候可以少剪裁，所谓拍之前先想，想好了再拍。

把 RAW 格式的照片置零，然后在这样毫无设置的白纸之上继续我们的 Lightroom 之旅。

找水平： 在右侧的"工具条"中单击"裁剪叠加"按钮 ■（快捷键为 R），然后在工具中找到"角度"按钮 ■。

解读： 利用"角度"工具 ■，在地平线的位置从左向右拉一条直线，如果你的地平线不水平，它能自动帮你校正。

裁剪多余元素： 确定好保留的元素后按 Enter 键或双击图像确认裁剪。

解读： 裁剪之后就得到了我们想要的初稿，很显然画面中的高光部分太高了，需要让暗部细节更突出一些。

在直方图中寻找曝光依据：展开"直方图"面板，查看画面的明暗分部。

解读：从直方图中可以看出，左边的暗部略微溢出，所以只需要微调一点即可。

改善前景亮度色彩：在右侧的"工具条"中单击"渐变滤镜"按钮 ■（快捷键为 M）。

解读：我想在前景的这块大岩石上增加一个渐变滤镜，主要是这里太亮了，想让它暗一点。所以调整"曝光度"为 −1.18，"清晰度"调整为 −37。这样曝光就好多了。

调整整体画面：在"基本"面板中调整各项参数，调整"色调"为 −7，"高光"为 + 20，"阴影"为 + 36，"白色色阶"为 + 23，"黑色色阶"为 + 32，"清晰度"为 + 100，"鲜艳度"为 + 20，"饱和度"为 −4。

解读：提高"清晰度"到 + 100，"色调"调整到 −7，让整个画面都比较锐利。从直方图中可以看出曝光不够，所以需要将"白色色阶"增加到 + 23，"高光"增加到 + 20，还需要调整"黑色色阶"到 + 32，"阴影"增加到 + 36。这样整个画面的曝光问题基本上就解决了！

调整整体色彩：在操作面板，找到"HSL"下的"饱和度"选项，将"橙色"调整到 + 11，"黄色"调整到 + 11，"绿色"调整到 −12，"蓝色"调整到 + 30。然后找到"明亮度"选项，将"蓝色"调整到 −16。

解读：找到"饱和度"选项，将"蓝色"调整到 + 30，然后找到"明亮度"选项，将"蓝色"调整到 −16，这样可以让天空更蔚蓝一些。将"绿色"调整到 −12，因为主角不是树木，不需要这么抢眼，所以要让树木的颜色暗一些。

再次调整直方图：展开"直方图"面板，查看画面的明暗分部。

解读：在整个画面调整完成后，发现直方图的右边出现了白色色阶不够的情况。只需将"高光"调整到 + 30，"白色色阶"调整到 + 32，就能解决这个问题。

消除镜头上的脏点：在右侧的"工具条"中单击"污点去除"按钮（快捷键为 Q）。

解读：通过 Ctrl ++组合键来放大画面，然后调整画笔的"大小"为 57、"羽化"为 57，不透明度为 100，把画面上的黑点全部去除。这在 Photoshop 中也非常常见，Lightroom 引入的这个功能，个人感觉还是非常好用的。

查看整体效果：单击画面下方的"完成"按钮，然后对比一下原片与调整后的效果，大家可以单击画面左下的"对比"按钮，查看对比效果。

风光摄影其实在前期调整相机参数的时候，就已经很不错了，所以后期适当地调整一些参数就可以让照片更加漂亮。

3.2.5 登顶火山之巅

攀登火山不比普通的登山，狭窄、崎岖、火山灰，让道路变得非常滑，大家几乎是手脚并用地爬上山的，身上几乎都是灰。摄影爱好者在这样的情况下既要背着相机，还要担心相机别进灰。但是这一切的烦恼都在登顶的那一刻烟消云散了，那种豪气干云、气吞山河的感觉，让你无暇去想之前登山时的痛苦，只想好好地把这风景记录下来。

1. 拍摄地索引

Mount Longonot 火山是距离肯尼亚内罗毕 45 分钟车程的一个火山口，毗邻纳瓦沙湖，它的上一次火山活动是在 19 世纪 60 年代。火山地貌的主要特征就是火山灰比较多，所以爬火山最好是选择雨季，这个时候地面灰尘会比较少。今天我们非常幸运，阴天虽然紫外线比较强，但是太阳一直躲在云层后面，对于摄影来说，这简直是绝佳的时机。不用中灰渐变镜，也能得到比较好的效果。

火山海拔不高，只有 2780m，所以不需要专业的登山装备就可以登顶。

2. 拍摄器材

相机	尼康 D700
镜头	尼康 AF-S 尼克尔 24-70mm f/2.8G ED

3. 拍摄前准备

　　建议尽量少带摄影装备，攀登火山是非常困难的，路面全是火山灰，十分滑，手上东西太多会非常危险。其实手上最好有一根登山拐棍，这样对你会有很大的帮助，所以就让我们轻装上阵吧。

　　接下来我们就欣赏一下火山的精彩照片吧。

　　山上有很多本地游客登高望远，远处就是美丽的纳瓦沙湖。

我们所处的位置是 2550m 的地方，这里是火山口的第一个休息点。

从火山口遥望纳瓦沙湖，天空乌云密布，风起云涌，场面波澜壮阔。

蜿蜒的火山口仿佛长城一般。

在火山之巅边野餐边欣赏美景，人生似乎圆满了。

从火山口的最高点看火山口里面的全貌，现在的火山口已是一片绿色。

3.2.6 登顶火山之巅照片分析

风光摄影，有时候就是需要耐心和等待。当爬到大约 2550m 的第一个休息点的时候，很多一起登山的朋友就不愿意继续攀登了，所以爱好摄影的孩子都是苦命的孩子，为了拍出更好的照片，必须登上火山之巅。

原片分析： 拍摄参数

相机	尼康 D700				
镜头	AF-S Nikkor 24-70mm f/2.8G ED				
ISO	400	焦段	24mm	光圈	f/13
快门	1/320s				

TIPS 保持地平线水平的 4 种办法

在拍摄风光、海景或建筑时，如果拍摄的时候地平线倾斜了，而你后期也没有去校正它，那么这是一个不可饶恕的失误。因为这一丁点倾斜，就可以彻底毁掉一幅原本能够令人震撼的画面。其实在拍摄过程中有好几种方式可以预先找水平。

1. 虚拟水平仪：很多相机都提供虚拟水平仪，显示于机背显示屏上，用于检查相机是否处于水平状态。可以通过菜单选项启用该功能，然后就能轻松地确认相机在水平和垂直方向上是否处于平直状态了。

2. 网格线：有些相机可以在显示屏上显示网格线，通过它可以很方便地确认画面线条是否平直。并不是所有相机都具备该功能，但是如果有即时取景模式的话，一般都能在屏幕显示选项菜单中找到它。

3. 取景器：取景器中都会有自动对焦点，它们能帮我们确认画面的水平。这些对焦点通常是按水平方向直线排列的，所以只要在构图时将地平线与横向的自动对焦点对齐即可。

4. 水平仪：装在热靴上的小型水平仪是一款物美价廉的小工具，淘宝上就可以买到。当相机装在三脚架上时，它能有效地帮你确认相机是否水平。

把 RAW 格式的照片置零，然后在这样毫无设置的白纸之上开始我们的 Lightroom 之旅。

找水平： 在右侧的"工具条"中单击"裁剪叠加"按钮■（快捷键为 R），然后在工具中找到"角度"按钮■■■。

解读： 利用"角度"工具■■■，在地平线的位置从左向右拉一条直线，如果你的地平线不水平，它能自动帮你校正。

确定构图： 拖曳裁剪框，确定要保留下来的图像。

解读： 由于是风光摄影，我在拍摄前基本上会考虑清楚取景的范围，所以我把下方岩石裁减掉，这样整个画面的视觉焦点就是画面右侧的 5 个人的位置。

裁剪多余元素： 确定好保留的元素后按 Enter 键或双击图像确认裁剪。

解读： 裁剪之后就得到了想要的初稿，很显然画面中的高光部分太高了，需要让暗部细节更突出一些。

在直方图中寻找曝光依据： 展开"直方图"面板，查看画面的明暗分部。

解读： 从直方图中可以看出，右侧的尖锋比较高，反映到照片上就是云的部分太亮了，显得很抢眼，所以需要修改参数来改善一下。

调整整体画面： 在"基本"面板中调整各项参数，"色调"为 −6，"高光"为 −21，"阴影"为 + 24，"白色色阶"为 −27，"黑色色阶"为 + 38，"清晰度"为 + 100，"鲜艳度"为 + 20，"饱和度"为 −5。

解读： 我希望整个画面都比较锐利，所以首先增加"清晰度"到 + 100，将"色调"调整到 −6。为了让直方图中白色色阶与黑色色阶的溢出情况恢复到正常，需要把"白色色阶"减少到 −27，然后减少"高光"到 −21，这样直方图右上角的三角形就会变暗，说明溢出情况已经得到改善。接下来增加"黑色色阶"到 + 38，再增加"阴影"到 + 24，这样暗部细节也出来了。

改善天空色彩： 在右侧的"工具条"中单击"渐变滤镜"按钮 □（快捷键为 M）。

解读： 在地平线上方增加一个渐变滤镜，主要是想通过添加滤镜的色彩来改善天空的颜色。我希望天空是乌云密布的感觉，所以单击蒙版面板最下方"颜色" 颜色 ▬▬▬ 旁边的"色彩选取框"选取蓝色。调整"蒙版"面板中的参数，调整"曝光度"到 −2.45，这样天空就黯淡下来了。再调整"清晰度"到 100，这样天空可以更清晰，最后将"色温"调整到 19，这样天空不会因为加了蓝色而偏蓝，会比较自然，有一种乌云压顶的感觉。

改善火山口岩石的曝光： 在右侧的"工具条"中单击"渐变滤镜"按钮 ▣（快捷键为 M）。

解读： 由于是正午时分，太阳在头顶，所以地面反光十分强烈，于是增加一个"渐变滤镜"降低地面的曝光度。把"曝光度"调整到 –2.04，这样地面就变暗了，但我还希望岩石能清晰些，所以调整岩石的"清晰度"到 41。这样整个画面最亮的部分就集中到了右侧的 5 个人身上，确保这里就是整个画面的第一焦点。

调整整体色彩： 在操作面板中找到"HSL"下的"饱和度"选项，调整"红色"到 + 18、"绿色"到 –40、"蓝色"到 + 10。然后找到"明亮度"选项，"黄色"调整到 –29。

解读： 将"红色"调整到 + 18，"绿色"调整到 –40，"蓝色"调整到 + 10。然后找到"明亮度"选项，将"黄色"调整到 –29，改善 5 个人身上衣服的颜色，使其变得更加亮眼。

再次调整直方图： 展开"直方图"面板，查看画面的明暗分部。

解读： 在整个画面调整完之后，发现直方图的左边出现了黑色色阶溢出的情况。只需要调整"阴影"到 + 38，就能解决这个问题。

消除镜头上的脏点： 在右侧的"工具条"中单击"污点去除"按钮 ◉（快捷键为 Q）。

解读： 使用 Ctrl++ 组合键来放大画面，然后调整画笔的"大小"为 57，"羽化"为 57，"不透明度"为 100，把画面上的黑点全部去除。

查看整体效果： 单击画面下方的"完成"按钮 ▬，然后对比一下原片与调整后的效果，大家可以单击画面左下的"对比"按钮 ▣，查看对比效果。

　　调整后的照片效果是不是有一种英雄登顶、豪气干云的感觉，身后就是 Mount Longonot 火山，我们历尽千辛万苦就是为了拍这样一张照片，呵呵，谁让我们是摄影爱好者呢，这就是命。

3.2.7 色彩肯尼亚

Marafa-Hells Kitchen 是一个神奇的地方。

1. 拍摄地索引

Marafa-Hells Kitchen 是肯尼亚沿海地区鲜为人知的地方，一般去这边旅游的游客，往往会忽略这里，殊不知这里的美丽是常人难以理解的。由于很少有游客涉足，所以这个地方的原始风貌保存得非常完好，这对于摄影爱好者来说是非常幸运的一件事情。红色的土壤，白色的岩石带，古朴的原始村落，本地妇女头顶着水桶，把孩子背在背上，还有骑着自行车的本地人穿行其间，简直就是一幅美丽的油画。

2. 拍摄器材

相机	尼康 D4
镜头	尼康 AF-S 尼克尔 70-200mm f/2.8G ED，尼康 18mm

3. 拍摄前准备

　　去 Marafa-Hells Kitchen 首先需要搞清楚怎么走。路线其实也不是很复杂，先到马林迪，然后找到 B8 公路，一直走会看到一座现代的高架桥，然后减速，行驶 20m 左右，左侧有一条公路，没有任何标记表明这是去马拉法的路。这条路非常通畅，行驶 30km 左右，就能看到一个十字路口，往标记着马拉法的地方开，差不多就到了。

4. 精彩照片

肯尼亚剑麻农场。

3.2.8 色彩肯尼亚照片分析

风光摄影有时候会犯一些小错误。可能是前期装备没有带全，所以在拍摄的时候需要损失一些参数的设置，来弥补装备的缺失。大家可以分析一下这张照片中失误的地方在哪里。

原片分析： 拍摄参数

相机	尼康 D4				
镜头	AF-S Nikkor 18mm				
ISO	10	焦段	18mm	光圈	f/8
快门	1/100s				

把 RAW 格式的照片置零，然后在这样毫无设置的白纸之上开始我们的 Lightroom 之旅。

在直方图中寻找曝光依据： 展开"直方图"面板，查看画面的明暗分部。

解读： 白色色阶溢出，说明整个画面曝光有点过度；黑色色阶的缺失，意味着暗部细节不够。

调整整体画面：在"基本"面板中调整各项参数，"色温"为 4998，"色调"为 + 10，"曝光度"为 −1.30，"高光"为 −100，"阴影"为 + 100，"白色色阶"为 + 58，"黑色色阶"为 −34，"清晰度"为 + 34，"鲜艳度"为 + 24。

解读：这张照片的工作流程是先调整"色温"，照片原片有点偏黄，所以需要降低色温来使画面色彩正常一点。然后通过调整曝光度，把天空死白的地方恢复一些色彩，调整高光、阴影、白色色阶和黑色色阶的目的是让整个画面曝光变得比较合理。而清晰度和鲜艳度的调整是为了让画面色彩更加鲜艳。

调整锐化细节：在右侧的工具栏中找到"细节"选项，调整"锐化"下的"数量"为 101，"半径"为 2.5，"细节"为 15，"蒙版"为 87。

解读：通过以上调整，可以把整个画面的细节变得更加清晰。这些都是根据我个人对画面细节的要求并尝试了多次后确定的参数。

查看整体效果：单击画面下方的"完成"按钮 完成，然后对比一下原片与调整后的效果，大家可以单击画面左下的"对比"按钮 XY，查看对比效果。

　　这张照片并没有做太多的修饰，Lightroom 就是这么神奇，能让你的画面瞬间变得美丽。

　　一开始我就说这张照片在参数设置的时候有个问题，不知道大家有没有找到这个问题在哪？

　　好吧，我公布一下答案：这张照片的光圈是 f/8，虽然说在风光摄影中没有太大的问题，但是如果是要拍阳光的星芒效果，光圈还是要再小一些，大约 f/16-f/20，这样星芒效果会更加明显。但是这个时候就需要配合使用三脚架（来实现低速快门下的稳定拍摄）和中灰渐变镜（低速快门下的阳光部分不会曝光过度）。所以下次再去拍摄，我会带上三脚架和中灰渐变镜。

3.2.9 美丽与荒野的震撼

6个桑布鲁青年，身披格式的马赛布。

1. 拍摄地索引

之前我们拍摄过波布非洲合作伙伴非洲遗产公司收藏的来自非洲各个部落的150多套酋长及酋长夫人服饰。我在拍摄的时候就想，如果能为这些世界上独一无二的服装寻找到一个气势恢宏的拍摄外景，那简直美爆了！所以我一直想找个机会，实现这天地人和的完美摄影。终于在一次外拍的过程中，我跟着国际摄影大师肖戈，实现了这一愿望。我们来到了距离内罗毕市区不远的 Ngong 山，位于东非大裂谷的边缘，站在 Ngong 山之巅，俯瞰整个东非大裂谷，场景十分壮观！

2. 拍摄器材

相机	尼康 D700
镜头	尼康 AF-S Nikkor 24-70mm f/2.8G ED，尼康 AF-S 尼克尔 70-200mm f/2.8G ED VR II
闪光灯	尼康 SB 900

3. 拍摄前准备

我带了 2 部 D700 的机身，一部配尼康 AF-S Nikkor 24-70mm f/2.8G ED 的镜头，另外一部配尼康 AF-S 尼克尔 70-200mm f/2.8G ED VR II 的镜头，我可不想现场换镜头。在没有专业的摄影助手拿反光板补光，特别是在逆光的时候，用外闪补光还是很有必要的，所以我带了尼康 SB-900 闪光灯。

4. 精彩照片

身着非洲部落传统服饰的模特站在东非大裂谷的边缘，肯尼亚最著名的 Ngong 山（《走出非洲》的书中经常提到的那座山）。

这位就是中非混血女孩艾琳。

高举葫芦照。

模特的表现力非常好。

拍摄完，我们的非洲本地模特站在巨石上大声地呼喊。

苍茫大地，悬崖峭壁，站在这样的地方顿时觉得天地之大，包罗万象。

这是山上放牧的桑布鲁族的小伙子，被我临时邀请来做模特。

我的地盘，我做主。

日落时分，风力发电的风车在呼呼地转着，下次我们将寻找更好的地方拍摄。

桑布鲁的青年在 Ngong 山上奔跑。

3.2.10　美丽与荒野的震撼照片分析

这张照片是使用 24mm 广角端进行拍摄的，人蹲在地上，用山坡的坡度形成对角线构图。6 位桑布鲁青年站在山坡上，前后错落，以蓝色的天空为背景，远处就是苍茫大地。选择顺光拍摄，夕阳从正面照射过来。

原片分析：拍摄参数

相机	尼康 D700				
镜头	AF-S 尼克尔 24-70mm f/2.8G ED				
ISO	125	焦段	26mm	光圈	f/8
快门	1/125s				

把 RAW 格式的照片置零，然后开始我们的 Lightroom 之旅。

做减法以及确定构图： 在右侧的"工具条"中单击"裁剪叠加"按钮▨▨（快捷键为 R）。

解读： 直接突出被摄人物，尽可能地减少视觉干扰因素。我把视觉中心设置在左边两位穿红袍的桑布鲁人身上，所以这里也是我的对焦点，先用"裁剪叠加"工具▨▨裁去不必要的元素。

裁剪多余元素： 确定好保留的元素后按 Enter 键或双击图像确认裁剪。

解读： 裁剪之后就得到了想要的初稿。

在直方图中寻找曝光依据： 展开"直方图"面板，查看画面的明暗分部。

解读： 从直方图中很容易地判断出白色色阶溢出了，暗部的黑色色阶还不够。要做的是让整个直方图向左移动，这样才能让曝光好一些，而且夕阳西下的感觉还没有出来，还需要调整一下色温，让整个画面更暖一些。

调整整体画面： 在"基本"面板中调整各项参数，"色温"为6815，"高光"为 −61，"阴影"为 + 11，"白色色阶"为 −100，"黑色色阶"为 + 16，"清晰度"为 + 100。

解读： 首先提高"清晰度"到 + 100，皮肤的质感马上就跃然纸上了，这里无需解释，直接看图片就可以了。然后降低高光和白色色阶，让右侧的溢出还原到正常的状态。由于提高了清晰度，所以还需要提高阴影和黑色色阶，进行暗部溢出的调整。最后也是最重要的就是调整色温，让画面偏暖。这就是我当时看到的感觉。

提亮眼睛与牙齿： 按 Ctrl++ 组合键放大照片的显示比例，然后在右侧的"工具条"中单击"调整画笔"按钮 ▇▇▇▇▇，接着在下面的"蒙版"面板中调整好各项参数，同时勾选"显示选定的蒙版叠加"选项，最后在眼睛上涂抹。

解读： 通过调整画笔的大小可以让画笔精确地涂抹需要调整的地方，所以我把画笔的"大小"调整到 0.1，"羽化"调整到 100，"流畅度"调整到 100，然后勾选"显示选定的蒙版叠加"选项，最后涂抹眼球。

提亮眼睛与牙齿： 设置画笔的参数，"曝光度"为 1.64，"对比度"为 21，"高光"为 15，"清晰度"为 100，"锐化程度"为 100。

解读： 经过上面的操作，发现眼睛的亮度以及清晰度都到位了。

虚化及压暗背景： 按 Ctrl++ 组合键放大照片的显示比例，然后在右侧的"工具条"中单击"调整画笔"按钮 ▇▇▇▇▇，接着在下面的"蒙版"面板中调整好各项参数，同时勾选"显示选定的蒙版叠加"选项，最后在背景上涂抹。

解读： 拍人像和静物最好能将背景都虚化了，这样才能突显主体，如果背景太清晰，容易分散观者的注意力。我需要通过虚化和压暗背景来达到这个目的。调整画笔的"大小"为 12，在调整过程中，可以通过滑动鼠标中键进行画笔大小的调整。"羽化"调整到 100，"流畅"调整到 100，然后勾选"显示选定的蒙版叠加"选项，最后涂抹背景部分，涂抹一些细节的地方时可以适当地减小画笔的大小。

虚化及压暗背景： 将画笔的 "曝光度" 设置为 −0.72, "清晰度" 设置到 −55, "锐化程度" 设置为 −28。

解读： 经过上面的操作以后，背景就没有之前那么抢眼了，变得柔和了很多。

调整色彩： 在右侧操作面板中的 "HSL" 下，调整 "红色" 为 + 12, "橙色" 为 + 18, "蓝色" 为 + 100。

解读： 我需要让画面中的蓝色更加醒目，使桑布鲁人身上的红色和橙色更加明显。

再次调整曝光： 在 "基本" 面板中调整 "白色色阶" 为 + 26。

解读： 为什么此前将 "白色色阶" 的参数调整到 + 100, 现在却调整到 + 26 这是根据直方图的情况来调整的，经过前面步骤的调整，你会发现画面整体有些暗，所以要将 "白色色阶" 的参数调整到 + 26, 来让整个画面的曝光正常一些。

查看整体效果： 在操作界面底部单击 "切换修改前修改后视图" 按钮，查看调整完成后的效果。

解读： 对比一下调整前后的照片。

3.2.11 日落风车

　　拍摄结束之际，太阳进入厚厚的云层中，阳光透过云层的间隙洒落在大地上，仿佛天神降临！我希望拍出很美好的感觉，但是我没有带三脚架，所以我以宁肯欠曝不要过曝的原则，拍摄了这张照片。

原片分析：拍摄参数

相机	尼康 D700				
镜头	AF-S 尼克尔 24-70mm f/2.8G ED				
ISO	125	焦段	24mm	光圈	f/9
快门	1/800s				

　　把 RAW 格式的照片置零，然后开始我们的 Lightroom 之旅。

做减法以及确定构图： 在右侧的"工具条"中单击"裁剪叠加"按钮 ▦（快捷键为 R）。

解读： 将多余的天空裁掉。使用"裁剪叠加"工具 ▦ 裁去不必要的元素。

裁剪多余元素： 确定好保留的元素后按 Enter 键或双击图像确认裁剪。

解读： 裁剪之后就得到了想要的初稿。

在直方图中寻找曝光依据： 展开"直方图"面板，查看画面的明暗分部。

解读： 我希望的落日感觉肯定是有阴影的，所以暗部先不管，白色色阶还是有些溢出，需要调整一下。

调整整体画面： 在"基本"面板中调整各项参数，"色温"为8989，"高光"为 -100，"阴影"为 + 19，"白色色阶"为 -100，"黑色色阶"为 + 63，"清晰度"为 + 100，"鲜艳度"为 + 79。

解读： 首先是提高"清晰度"，将其调整到 + 100，画面清晰度提高很多。然后降低高光和白色色阶，让高光部分不要那么刺眼，需要把阴影的暗部提高一些，但是又不能提得很亮，我要的是那种半剪影的感觉。最后也是最重要的就是调整色温，让画面偏暖。这是我当时看到的感觉。

提亮车辆的反光： 按 Ctrl++ 组合键放大照片的显示比例，然后在右侧的"工具条"中单击"调整画笔"按钮，接着在下面的"蒙版"面板中调整好各项参数，同时勾选"显示选定的蒙版叠加"选项，最后在车辆上涂抹。

解读： 通过调整画笔的大小可以让画笔精确地涂抹需要调整的地方，所以我把画笔的"大小"调整到 5、"羽化"调整到100、"流畅度"调整到 100，然后勾选"显示选定的蒙版叠加"选项，最后涂抹车辆的位置。

提亮远处的车辆： 用画笔工具在远处的车身上进行涂抹，然后调整画笔参数，"曝光度"为1.24，"清晰度"为100，"锐化程度"为100。

解读： 经过上面的操作，发现车辆的亮度以及清晰度都到位了。

增加整个画面夕阳的感觉： 在右侧的"工具条"中找到"渐变滤镜"按钮，在画面上由上向下拉一个渐变滤镜。然后调整渐变滤镜的"色温"为100，"曝光度"为 -1.12，"清晰度"为100，颜色为金黄色。

解读： 我希望画面中的火烧云更加明显，而且耶稣光的感觉更强烈，所以通过增加暖色的色温和金黄色的滤镜来实现这个想法。

去除紫边： 在"镜头校正"参数设置面板中，勾选"删除色差"选项。

解读： 由于我们调整了 2 次"清晰度"，所以风车出现了紫边的情况，下面通过修改"镜头校正"选项中的颜色来调整色差。

未修改

已修改

调整细节： 在"细节"参数设置面板中，调整各项参数，"数量"为 11，"半径"为 1.2，"细节"为 66，"蒙版"为 74，"明亮度"为 29。

解读： 通过上述的调整，画面会变得更加细腻，让由于增加清晰度出现的噪点消失。

查看整体效果： 单击"切换修改前修改后视图"按钮，查看调整完成后的效果。

解读： 对比一下调整前后的照片。

3.2.12 坐着火车去蒙巴萨

五彩的火车头，非洲人对于色彩的把握真是厉害，即使是如此破旧的火车也有这么五彩斑斓的色彩。

1. 拍摄地索引

内罗毕车站自 1899 年到现在已经有 114 年的历史，建立时间比内罗毕这座城市还要早。

我在肯尼亚的 3 年里，多次幻想能乘坐一次东非的豪华小火车，这是需要胆量的，其实这也是了解肯尼亚这个国家的一个最好的窗口。坐着火车去旅行，最让我记忆犹新的就是利群的广告——让心灵去旅行，然后一列火车由远及近地开过。从内罗毕坐火车去蒙巴萨，晚上 7 点发车，第二天早上 10 点才能到。还能坐着火车，去肯尼亚的内陆城市基苏木，去看看维多利亚湖，这是非洲第一大的淡水湖泊。

这里有几条线路可以供大家选择：内罗毕—蒙巴萨，内罗毕—基苏木，内罗毕—乌干达的坎帕拉。票价：一等卧铺 60 美元，二等卧铺 45 美元，三等座位 6 美元。

2. 拍摄器材

相机	尼康 D4
镜头	尼康 AF-S 尼克尔 24-70mm f/2.8G ED

3. 拍摄前准备

在国内有首歌叫作《坐着火车去拉萨》，每次提到肯尼亚的这个火车站，我都想坐着火车去蒙巴萨，"黑摄会"摄影师齐林帮我实现了这个梦想。让我们去看看这座历史悠久的火车站吧。

他坐了 8 个小时，从内罗毕到了蒙巴萨。带着 24-70mm 镜头，这种旅行讲究的是便携，所以其他的装备就先不带了，估计也没有空间能让你把三脚架打开。

4. 精彩照片

感觉像地铁的布局,显然这个座位是新换的。

空荡的候车大厅，在汽车业极其发达的今天，这个英制铁轨的火车时速确实太慢了。

古老的称重设备，每个人带的行李的重量是有限制的。

3.2.13 坐着火车去蒙巴萨照片分析

这张照片应该是我这次 Lightroom 教学过程中最简单的一张了。我要说明一个问题，并不是用 Lightroom 把照片弄得花里胡哨的才好，使用 Lightroom 的根本是弥补前期摄影中的一些不足。所以不能因为有了 Lightroom 就不去学习正常的测光、曝光、构图等摄影的细节。对光圈的把握，对构图、取景的把握是一张精彩照片的制胜关键。我们需要记住："相机后面的那个头，永远比相机前面的那个头更重要"。

对于这张照片，摄影师齐林认为，如果还有机会他会减小光圈，让景深更大一些，这样可以让火车后部也能清晰起来。这在拍摄过程中是非常常见的问题，前一秒还在火车车厢里面拍，后一秒就跑到车厢外面，经常会忽略一些参数方面的调整，当你反应过来时场景已经变了，也就失去这个机会了。但是这张照片的取景和构图是完美的，不需要后期再剪裁和调整了。

原片分析：拍摄参数

相机	尼康 D4				
镜头	尼康 AF-S 尼克尔 24-70mm f/2.8G ED				
ISO	500	焦段	24mm	光圈	f/5.6
快门	1/1600s				

把 RAW 格式的照片置零，然后开始我们的 Lightroom 之旅。

在直方图中寻找曝光依据：展开"直方图"面板，查看画面的明暗分部。

解读：直方图的左右都有尖峰，中部凹陷，像素主要集中在左右两侧，另外，照片中有明显的暗调和亮调部分，但中等亮度部分较少，明暗反差大，所以需要调整阴影和高光。

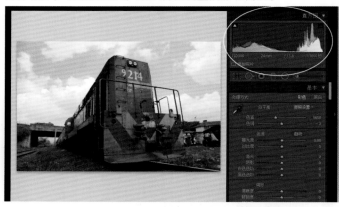

调整整体画面：在"基本"面板中调整各项参数，"曝光度"为 -0.30，"高光"为 -76，"阴影"为 + 66，"白色色阶"为 + 20，"黑色色阶"为 -5，"清晰度"为 + 42。

解读：这张照片的调整就到此为止了，很神奇吧，只需要把整体的曝光降低一些，然后调整高光、阴影、白色色阶和黑色色阶。这样我们就可以轻松搞定这张照片了，甚至都不用刻意地增加车头上面的色彩饱和度，就已经非常鲜艳了。

查看整体效果：单击画面下方的"完成"按钮，然后对比一下原片与调整后的效果，大家可以单击画面左下的"对比"按钮，查看对比效果。

3.3 夜景

3.3.1 纳米比亚初印象

　　傍晚的温得和克是最美丽的，观看日落的最佳场所就是位于市中心的希尔顿酒店顶楼的 SKY Bar。在这里你可以一览温得和克的市区夜景，随着太阳慢慢消失，天边的颜色也是不停地变换，我把相机往阳台上一放，并不需要三脚架。设定 30s 曝光后，马路上的车子便呈现出光轨的效果。再配上一杯鸡尾酒，劳累全无。

1. 拍摄地索引

　　纳米比亚是一个只有 220 万人口的国家，出产各种矿石，沙漠和大西洋基本上构成了这个国家的全貌。这里常年气候干燥，昼夜温差大。来纳米比亚的 6 天时间我充分地感受到了戈壁气候。晚上睡觉冻得哆嗦，口干舌燥的，中午外出干活，被太阳晒得差点中暑，这就是我对纳米比亚的最初印象。真的非常敬佩在这边工作、生活的同胞。

希尔顿酒店的东边就是号称纳米比亚的"天安门",几乎来温得和克的朋友都会给这些建筑拍照片,然后留影纪念。

2. 拍摄器材

相机	尼康 D700
镜头	尼康 AF-S 尼克尔 24-70mm f/2.8G ED,尼康 AF-S 尼克尔 70-200mm f/2.8G ED VR II

3. 拍摄前准备

　　这次我是去纳米比亚出差的,所以没有办法带很多摄影装备,如三脚架这样的大物件。我带了一机两镜,基本上风光、人文都可以拍摄了。由于纳米比亚拥有丰富的自然资源,地貌奇特,拥有世界上最古老的沙漠——纳米比亚沙漠。游客需要花上数天时间探索这片沙漠,登上世界上最高的沙丘,探索隐藏在这片贫瘠、渺无人烟的土地上的秘密。所以去纳米比亚除了拍摄器材之外,还需要带上防寒服、沙漠靴等装备,还有润肤露、防晒霜等护肤用品,主要是因为这里昼夜温差太大,气候非常干燥。

　　纳米比亚的风光真是太美了,这里我会给大家展示 2 张照片的后期制作过程。大家可以随我一起领略一下纳米比亚的美丽风光。

纳米比亚"天安门"近景，这座教堂历史悠久，还在继续使用中。

这就是希尔顿的屋顶天吧。

温得和克的陨石展区，这里展示着大大小小的天外来客。

海豹调戏女士。

海鸥伴我飞行。

来到鲸湾，在海边看到火烈鸟。

醍醐编队。

　　离开纳米比亚的时候，更多的是一种逃离的感觉，干燥的气候让我们这些已经习惯了肯尼亚四季如春气候的人有些接受不了，当然这是去的时候没考虑周全，刚好是纳米比亚最冷的季节，我带的却是夏季的衣服。看着这慢慢升起的太阳，我终于离开了。

3.3.2 纳米比亚初印象照片分析

　　拍摄夜景是每一位喜欢摄影的朋友的必修课，我非常喜欢夜景，喜欢太阳下山前的一瞬间天空的千变万化。拍摄夜景是需要等待的，你需要早早地抵达拍摄地点，选好角度，架好设备，然后静静地等待光线的变化。

TIPS 夜景拍摄的技巧

技巧 1：带好你的三脚架

拍摄夜景时通常需要较长时间曝光，所以三脚架非常重要，我曾经在迪拜的哈里法塔最高的观景台上拍摄迪拜夜景，然而当时我带的是 180 元的三脚架，你可以想象一下廉价三脚架在大风中随风摇摆的画面，根本没法拍出清晰的夜景。所以好的三脚架非常重要。

技巧 2：使用无线快门线

即使使用了三脚架，你可能还需要一根快门线来远程触发快门。这样可以避免因按动快门引起的相机震动。快门线的替代品之一是相机的延时自拍功能。将延时设置成 2s，相机会在快门触发后计时，然后自动拍摄。

技巧 3：调低感光度 (ISO)

相信大家都知道高感光度可以在相同的光圈值下得到更快的快门速度以降低拍摄时的晃震，但随之却会令照片产生一些噪点。特别是在拍摄夜景的时候，长时间曝光会令噪点与相片暗位特别明显，所以如果环境许可，应使用三脚架和较低的 ISO 值以获得最佳拍摄效果。多少比较合适？当然是你的相机能实现的最低 ISO。

技巧 4：使用大光圈镜头来取景

当我们将镜头装在机身上的时候，镜头的光圈会自动开到最大。在漆黑的环境中，较大的光圈可以令更多光线进入镜头，令观景器上的画面更清楚。举例说，两位摄影师在同一时间、同一位置拍摄夜景，一位使用最大光圈为 f/2.8 的镜头，另一位使用最大光圈为 f/5.6 的镜头，使用 f/2.8 光圈那位摄影师的观景器上的画面会明显较亮，摄影师更容易看到清楚的细节。

技巧 5：使用小光圈拍摄

拍摄时把光圈转小有以下两个原因：一是小光圈能令景深更大，令景物不会受浅景深的影响而变模糊；二是如果晚上有灯光照明，使用小光圈拍摄可以令灯光变成放射的星芒，效果更突出。

技巧 6：长时间曝光

拍摄夜景的其中一个常见技巧便是长时间曝光 (快门值慢至 10s、30s 或数小时)，可以用于拍摄车轨、星轨、海浪等。长时间曝光不但可以令海浪变得平滑或者记录汽车红色尾灯的轨迹，还可以令一些平时肉眼看不见的光线显现，效果绝对引人入胜，大家务必多尝试！

技巧 7：设定白平衡

拍摄夜景的时候不建议使用自动白平衡，因为在黑暗环境下，自动白平衡很容易变得不一致，导致相片出现色差。拍摄夜景时你可以使用钨丝灯模式的白平衡，但要根据当时的环境来选择最适合的模式。另外，把相片储存为 RAW 格式能让摄影师在日后按需要调整白平衡。

技巧 8：提防曝光过度

晚上使用自动曝光 (即 Auto/P/Av/Tv/S/A) 模式时，很容易出现曝光过度的情况。出现此情况的原因是相机被大范围的黑暗环境误导，从而使照片曝光过度。所以拍摄夜景时，可以使用全手动模式 (M mode) 或使用 B 快门 (快门一直开启直至摄影师将它关闭)，这样就可以自己设定合适的快门及光圈，当然要找出适当的光圈快门组合是需要经验的，初学者可以多拍几张来看看效果。若想知道照片是否曝光过度，可观察照片中的光点是否清晰。换言之，正常曝光之下拍出的光点，如最常见的灯光，看起来是十分清楚分明的，相反，如果照片曝光过度，光点会有"化开"的感觉，线条会不清晰。

原片分析：拍摄参数

相机	尼康 D700				
镜头	AF-S Nikkor 24-70mm f/2.8G ED				
ISO	100	焦段	24mm	光圈	f/22
快门	30s				

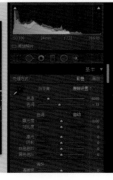

　　把 RAW 格式的照片置零，然后在这种毫无设置的白纸上开始我们的 Lightroom 之旅。

找水平： 在右侧的"工具条"中单击"裁剪叠加"按钮 （快捷键为 R），然后在工具中找到"角度"按钮 。

解读： 利用"角度"工具 ，在地平线的位置从左向右拉一条直线，如果地平线不水平，它能自动帮你校正。

确定构图： 拖曳裁剪框，确定要保留下来的图像。

解读： 由于是风光摄影，所以我在拍摄前基本已经考虑清楚取景的范围了，只需要稍微把最下方的部分黑色区域剪裁掉即可。

裁剪多余元素： 确定好保留的元素后，按 Enter 键或双击图像确认裁剪。

解读： 裁剪之后就得到了想要的初稿，很显然，画面中的暗部曝光不够理想，所以接下来需要对画面的整体进行调整。

在直方图中寻找曝光依据： 展开"直方图"面板，查看画面的明暗分部。

解读： 傍晚拍摄的照片容易出现部分灯光过曝的情况，接下来我们需要在直方图中调整白色色阶与黑色色阶的分部情况。

调整整体画面: 在"基本"面板中调整各项参数,"色调"为–13,"高光"为–29,"阴影"为+19,"白色色阶"为–100,"黑色色阶"为+24,"清晰度"为+30,"鲜艳度"为+20,"饱和度"为–5。

解读: 首先提高"清晰度"到+30,这次不能提高到+100了,如果提高到+100,噪点会增加很多,而且颜色过渡不如原片自然。将"色调"调整到–13,这样差不多就是夜景的色调。为了让白色色阶溢出与黑色色阶溢出恢复到正常情况,需要把"白色色阶"减少到–100,然后减少"高光"到–29,这样直方图右上角的三角形就会变暗,说明溢出情况已经得到了改善。接下来增加"黑色色阶"到+24、"阴影"到+19,这样暗部细节也出来了。

改善天空色彩: 在右侧的"工具条"中单击"渐变滤镜"按钮▓▓(快捷键为M)。

解读: 在地平线上方增加一个渐变滤镜,主要是想通过添加滤镜的色彩来改善天空的颜色,我希望天空是深邃的蓝色,所以单击蒙版面板最下方的"颜色" ▓▓▓▓▓ 旁边的色彩选取框选取蓝色。调整"蒙版"面板中的参数,将"清晰度"调整到100,这样天空可以更清晰,"饱和度"提高到25,这样蓝色会饱和一些,再将"色温"调整到–83,这样天空会偏冷。这就是我当时在观景台看到的天空色彩。

改善车流光轨: 在右侧的"工具条"中单击"调整画笔"按钮▓▓▓▓▓(快捷键为K)。

解读: 我感觉右下方车流的光轨不是很理想,主要是色彩偏黄,我想细微地调整一下,但又不想影响整个画面,所以使用"调整画笔"。调整画笔工具的"大小"为10、"羽化"为100、"流程度"为51,然后勾选画面下方的"显示选定的蒙版叠加"选项。

调整车流色彩：把"清晰度"调整到100，"阴影"调整到 −100。

解读：这样暗部就全黑了，不会与光轨抢镜，将"高光"调整到35，提高光轨的亮度，然后降低整体的"曝光度"到 −0.89，最后提高"对比度"到18。

消除镜头上的脏点：在右侧的"工具条"中单击"污点去除"按钮（快捷键为 Q）。

解读：按 Ctrl++ 组合键来放大画面，然后调整画笔的"大小"为 57、"羽化"为 57、不透明度为 100，把画面上的黑点全部去除。

查看整体效果：单击画面下方的"完成"按钮，然后对比一下原片与调整后的效果，大家可以单击画面左下的"对比"按钮，查看对比效果。

3.3.3 日出照片分析

原片分析： 拍摄参数

相机	尼康 D700				
镜头	AF-S Nikkor 24-70mm f/2.8G ED				
ISO	200	**焦段**	24mm	**光圈**	f/8
快门	1/320s				

把 RAW 格式的照片置零，然后在这样毫无设置的白纸之上开始我们的 Lightroom 之旅。

找水平： 在右侧的"工具条"中单击"裁剪叠加"按钮▓▓（快捷键为 R），然后在工具中找到"角度"按钮▓▓。

解读： 利用"角度"工具▓▓，根据画面情况找水平。我以前挡风玻璃下面的两个角作为水平标准，然后拉条水平线，这样就可以确保画面水平了。

裁剪多余元素： 确定好保留的元素后按 Enter 键或双击图像确认裁剪。

解读： 裁剪之后就得到了比较工整的构图，但是这和我眼睛看到的画面有些不一样，因为车内肯定要比我拍的照片亮很多，所以我希望车窗外保持不变，但是车内的人要提亮。

确定构图： 拖曳裁剪框，确定要保留下来的图像。

解读： 画面黑色的部分太多会造成无效信息过多的情况，所以我把多余的黑色区域都裁剪掉。

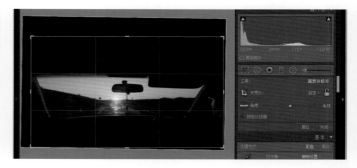

在直方图中寻找曝光依据： 展开"直方图"面板，查看画面的明暗分部。

解读： 这张照片的直方图显示，暗部太暗，亮部太亮，中间细节严重缺失！怎么办？别着急，我们慢慢调整。

调整整体画面：在"基本"面板中调整各项参数，"对比度"为 + 10，"高光"为 -45，"阴影"为 + 33，"白色色阶"为 -100，"黑色色阶"为 + 100，"清晰度"为 + 100。

解读：首先将"清晰度"增加到最高，然后将阴影调亮，所以我提高了"黑色色阶"和阴影，但是发现亮的地方需要降低亮度，所以我把高光和白色色阶调低。经过不断调整，觉得参数比较理想，最后又提高了"对比度"。整个画面就是我之前坐在车上的感觉，鹅蛋黄的太阳刚刚爬出地平线，四射的光芒照在开车的同事的脸上，那种金黄色就是生命的颜色。顿时觉得世界美好了起来！

提高细节：在右侧的"工具条"中单击细节，然后调整各项参数，"数量"为 30，"半径"为 1.1，"细节"为 59，"蒙版为"87，"明亮度"为 70，"细节"为 41，"对比度"为 13。

解读：这个步骤的作用是什么？在未调整之前，放大整个画面时，可以看到手部的噪点很多，简直惨不忍睹啊！

但是经过以上处理之后，司机手上的噪点就消失了。

现在你再看看手部的效果是不是理想多了。

查看整体效果：单击画面下方的"完成"按钮 完成 ，然后对比一下原片与调整后的效果，大家可以单击画面左下的"对比"按钮 对比 ，查看对比效果。

日出时分，也是我们离开纳米比亚之时，有机会我会再去纳米比亚的。

3.4 星空

3.4.1 桑布鲁的篝火

绚烂的星空下，我们快乐地唱着、跳着，或许这就是人类最原始的状态吧。这里没有城市光污染、没有汽车的轰鸣，只有我们快乐的歌声和绝美的星空，而摄影就是要记录下这美好的时刻！永远，永远。

1. 拍摄地索引

　　桑布鲁自然保护区位于肯尼亚的东北部边境。据内罗毕 340km，从内罗毕出发，驱车穿过东非大裂谷和赤道线，大约 6 个小时后到达目的地，路程确实不短，一路舟车劳顿。很多游客都从未涉足过这里，因为他们不知道，美丽的桑布鲁有太多神奇和特有的动物是其他地方都看不到的，我们称之为 Special Five，包括细纹斑马、网纹长颈鹿、长颈羚、非洲长角羚、索马里鸵鸟等。

相机	尼康 D4		
镜头	尼康 AF-S 尼克尔 24-70mm f/2.8G ED，尼康 AF 18mm f/2.8D		
三脚架	遥控快门线	闪光灯	尼康 SB910

2. 拍摄前准备

桑布鲁的风光与马赛马拉不一样，所以去这里设备都得带全了，"长枪短炮"一样都不能少。来这里一趟确实难得，就算是我们这些常年在肯尼亚的"老肯"，去玩一次的机会也非常难得。桑布鲁在旱季的时候非常干旱，风沙非常大，所以防晒防暑的装备都是必备物品。准备好这些那就跟我们一起去桑布鲁看看吧。

3. 精彩照片

夜晚对于久居城市的人来说，意味着一天的结束，寂寞降临，而对于住在桑布鲁的桑布鲁人来说，狩猎归来，夜晚是一天中最欢乐的时光！

他们在篝火旁边并肩唱着战歌，表示对日落的敬意。

原地跳高，这不仅是马赛人的专利，桑布鲁勇士也跳得非常高。

3.4.2 桑布鲁的篝火照片分析

非洲的星空是最让人期待的，如何在拍出美丽的星空的同时拍出精彩的前景，是我们在拍摄时最优先考虑的事情。这张照片是通过黑卡预先遮挡下面人物的曝光，然后在快门快闭合的时候，把黑卡拿开拍摄的。

原片分析：拍摄参数

相机	尼康 D4				
镜头	尼康 AF 18mm f/2.8D				
ISO	6400	焦段	18mm	光圈	f/3.5
快门	1/15s				

把 RAW 格式的照片置零，然后在这样毫无设置的白纸之上开始我们的 Lightroom 之旅。

在直方图中寻找曝光依据: 展开"直方图"面板,查看画面的明暗分部。

解读: 直方图曲线偏重于左侧,表示曝光不足,大部分像素集中在左侧。直方图右侧的曲线有较明显的下降,并且右侧有一段空白,表示很少甚至没有像数。这种照片看上去过于暗淡,并且暗部较多,亮调不足,接下来对其进行改善。

调整整体画面: 在"基本"面板中调整各项参数,"色温"为3017,"高光"为 −40,"阴影"为 + 61,"白色色阶"为 + 28,"黑色色阶"为 −27,"清晰度"为 + 56。

解读: 这张照片的调整流程是,先调整"色温",让整个画面偏蓝。然后调整"高光""阴影""白色色阶""黑色色阶",这样就可以调整整个画面的曝光情况了。最后增加"清晰度",差不多就调整完毕了。

锐化: 在右侧的"细节"参数设置面板中,我们要对星空进行微调,调整"锐化"下的参数,"数量"为 84、"半径"为 2.7、"细节"为 5、"蒙版"为 89。

解读: 通过细节的调整,可以把星空变得更锐利。

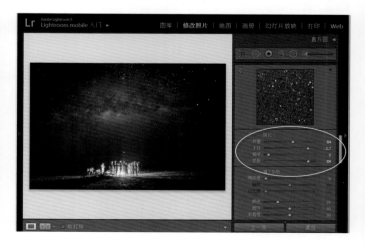

减少杂色： 在右侧的"细节"选项中，将"减少杂色"选项中的"明亮度"调整为 22。其他选项的数值都是默认的。

解读： 通过细节的调整，可以减少星空的杂色。

改善下方篝火的曝光： 在右侧的"工具条"中单击"渐变滤镜"按钮▢（快捷键为 M），然后调整蒙版的参数，"色温"为 -29、"曝光"为 -0.89、"高光"为 -28、"清晰度"为 58。

解读： 在画面底部，由下往上设置一个"渐变滤镜"，然后调整参数来改变画面底部人群的曝光和色温。

裁剪： 拖曳裁剪框▦，确定要保留的图像。

解读： 画面两边的黑色部分太多，我不希望它们影响大家的视觉集中，所以通过剪裁，把两边黑色的区域裁减掉。为什么我把裁剪放得比较靠后呢？只是想说明一个问题，工作流程虽然差不多都是固定的，但是有些时候也是可以打破的，裁剪可以等整个色调风格调整完之后再进行。

查看整体效果： 单击画面下方的"完成"按钮 ▣，然后对比原片与调整后的效果，大家可以单击画面左下的"对比"按钮 ▣，查看对比效果。

照片调整到此，银河下的桑布鲁篝火，这一幕仿佛让时间停止了，原来天上也是如此的繁忙！

第 04 章

静 物 篇

Lightroom

4.1 走近魅力肥皂石雕

动静结合的肥皂石雕刻工艺。

4.1.1 拍摄地索引

　　肯尼亚的马赛市场是很多游客结束整个非洲狂野之旅的终点站，在这里可以购买一些旅游纪念品。肯尼亚的旅游纪念品品种丰富多样，有肥皂石、剑麻包、孔雀石、马赛布、马赛珠、皮拖鞋和黑木雕等，档次再高一些的还有坦桑蓝和察沃绿。本节带大家去看看肯尼亚质量最好的肥皂石工厂，这家肥皂石工厂的产品全是纯手工打造的，大多出口到欧美国家，这与游客在马赛市场看到的肥皂石雕不论从设计上、雕刻上还是制作工艺上都有很大的差别。

4.1.2 拍摄器材

相机	尼康 D4	镜头	尼康 AF-S 尼克尔 24-70mm f/2.8G ED	机身	Sony A7
三脚架	曼富图	镜头	索尼 Sonnar T* FE 35mm F2.8 ZA	闪光灯	尼康 SB 800

4.1.3 拍摄前的准备

　　肥皂石工厂的光线有时候不是特别理想，而我又不想打闪光灯，所以需要带上三脚架。这个地方我去过两次，第一次拍摄的时候有些遗憾，因为打了闪光灯，所以没有拍摄出肥皂石在切割过程中的石末飞溅的感觉。第二次来到这里，我带上了新买的索尼 A7 与三脚架，将三脚架固定之后，使用较小的光圈，较慢的快门速度，再结合遥控快门线，终于抓住了石头飞溅的感觉。

　　坐落在一座美丽的庄园里的肥皂石工厂面积非常大，园中的植被枝繁叶茂，若没有认识的朋友带你去，你都不敢相信，一个生产肥皂石的工厂居然坐落在这么美丽的地方。肥皂石工厂的主人在 1974 年的时候搬到了这里，当时这里是一片原始森林，他告诉我说，Makena 还非常小的时候，曾经有花豹闯入他的家中，吓得他们很长一段时间不敢让孩子在院子里玩耍。

　　本节我带着大家仔细地看看一块普通的石头，在工匠的手中需要经历多少道工序才能变成精美的艺术品的。

工序 1：雕刻

肥皂石的切割，刀光剑影，石头飞溅！

最原始的道具，将一把小凿子绑在木头上面，用胶布这么一缠，就是一把肥皂石制作的工具。

从事肥皂石工艺 15 年的肥皂石雕刻大师奥凯略，对于肥皂石的制作工艺早已了然于心，他只要看过样品，就可以直接拿着铅笔在石头上画出来，然后开始凿石头。肥皂石非常软，用小刀就可以打磨。

因为石头是白色的，所以我希望用黑白的效果去展现这些石头的美丽。这是刚刚切割好的大象书档。

工序 2：打磨

不一会儿，一块方方的石头在他手里就变成了一只小河马。这位工匠是负责初步打磨的。先要把 4 只脚磨成一个水平面，这样放在桌子上就不会长短腿了。

工序 3：水磨

几位肯尼亚的女士负责水磨，经过细砂纸水磨，肥皂石就会变得光滑，这时肥皂石基本上就有了一个比较漂亮的形态了。

工序 4：质检

挑出残次品。

工序 5：上色

肥皂石的上色是提升整个艺术品品位的环节，一般的肥皂石只上一种颜色，而这里的肥皂石却是五彩斑斓的。

工序 6：雕刻花纹

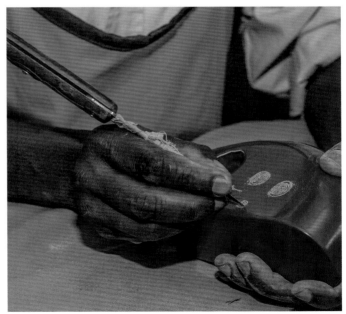

雕刻工序是肥皂石加工工艺中最重要的一个环节，肥皂石艺术品档次的高低就体现在此。肥皂石工艺品的花纹有很多种，一个又一个的同心圆寓意着圆满团圆；一个又一个螺旋寓意着生生不息地发展；鱼鳞寓意着富贵；网格状花纹寓意着收获，这与中国古代的一些花纹图案有异曲同工之妙。当然肥皂石常用的花纹还有当地各个部落的图腾纹路，如飞鸟和鱼类等。

这些肥皂石的加工手段都是非洲的文化遗产，在肥皂石工厂的其中一个展示区里有很多古董木雕，都是从非洲各国不同的部落收集过来的，艺术家根据这些木雕上的花纹和图案雕刻肥皂石，为肥皂石赋予新的生命。

工序 7：打蜡包装

打过蜡的肥皂石可以防水，用剑麻丝进行抛光之后，肥皂石雕立马就变得光彩照人了！

我在肯尼亚待了 3 年，这期间有很多朋友组团来肯尼亚旅游，回国所带的礼物除了咖啡红茶、黑木雕之外，肥皂石也是必买的纪念品。我在肯尼亚的收藏，有肥皂石做的相框、花瓶、小河马、小长颈鹿、小狮子等。

在肥皂石雕刻的工艺品中，最受游客欢迎的是小动物。与木雕动物的写实特色不同的是，石雕动物造型简洁、小巧可爱，可成套购买。如艺术家在设计长颈鹿造型的时候就会设计为两大一小，就像一家三口的样子，看到如此可爱的长颈鹿，任何人都会有买回家收藏的冲动。憨态可掬的大河马拥有圆咕噜咚的造型，与在马赛马拉看到的有些凶悍的河马大相径庭。

如今艺术家们还根据时代的变化，设计出了很多有特殊用途的肥皂石艺术品，如放手机用的手机座、理线器、名片架、筷子架、非洲传统式样的国际象棋、肥皂盒、烛台和烟灰缸等，至于其他很多稀奇古怪的肥皂石艺术品，期待朋友们自己来发掘。

4.2 动静结合的肥皂石雕刻工艺照片分析

本节要分析的是一张慢速快门下的摄影作品，我的构思是希望拍出石头飞溅的感觉，使其虚实结合。

原片分析： 拍摄参数

相机	Sony A7				
镜头	Sony Sonnar T* FE 35mm F2.8 ZA				
脚架	曼富图	ISO	800	焦段	35mm
光圈	f/11	快门	1/10s		

先把 RAW 格式的照片置零，然后开始我们的 Lightroom 之旅。

当看到原片的时候，就已经想好了后期需要怎么去裁剪，由于用的是 35mm 的定焦镜头，所以我没法靠得很近，而雕刻师奥凯略拉动锯子的时候，石末会飘入我的鼻孔，让我十分难受，镜头也慢慢被石末覆盖。

解读：这个距离还算是比较理想的，我把焦点对在石头上面的手的位置，确保石头和手是实的，钢锯就用慢快门去虚化吧。将光圈设置在 f/11 是为了配合快门，快门慢到 1/10s 之后，钢锯就可以虚化了。

做减法： 在右侧的"工具条"中单击"裁剪叠加"按钮（快捷键为 R）。

解读：使用"裁剪叠加"工具裁去不必要的元素。

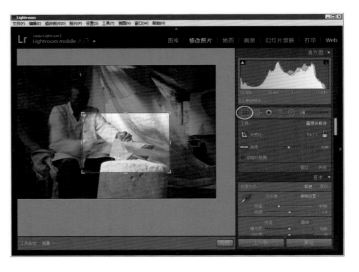

确定构图：拖曳裁剪框，确定要保留下来的图像。

解读：为什么要这样裁剪呢？首先我只想表达切割肥皂石的感觉，但是又碍于无法靠得太近，所以我用三分法则把周围无效的信息（被虚化的人、椅子、木桩、破塑料帘子以及墙上的画）全部裁剪掉。这些因素无法让观众的注意力集中在肥皂石和钢锯上面，因此我只能痛下决心把这些全部裁剪掉。

在直方图中寻找曝光依据：展开"直方图"面板，查看画面的明暗分部。

解读："直方图"很直观地告诉我们，白色色阶有些不够，而黑色色阶已经溢出了，所以我们要让黑的更黑，白的更白。

TIPS 什么样的照片处理成黑白照比较好？

1. 当照片中的颜色非常多，导致照片看上去又脏又乱时，把照片处理成黑白可以弱化很多颜色的对比。
2. 当照片的主体因为颜色原因不太明显，但本身的明度对比又非常明显时，为了突出主体可以把照片黑白化。

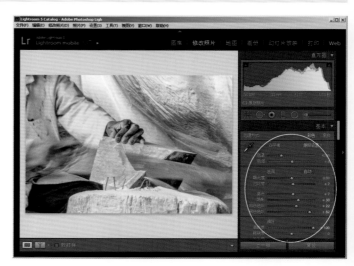

调整整体画面：在"基本"面板中调整各项参数，"对比度"为 + 7，"高光"为 + 7，"阴影"为 + 30，"白色色阶"为 + 22，"黑色色阶"为 + 82，"清晰度"为 + 100。

解读：为了让手和石头更加锐利，我要把清晰度调整到最高，然后将黑色的部分稍微恢复一些细节，黑色的部分主要是大腿上的裤子，因此将"黑色色阶"增加到 + 82，"阴影"增加到 + 30。而我希望白色的部分，如雕刻师的衣服、背景的白色塑料布、肥皂石的粉末以及下面的桌子能再白一些，所以把高光和白色色阶相应都增加了点，最后适当地调整一下对比度。"色调"变为了 4 是清晰度提高之后，软件自动变化的。

调整颜色：调整"HSL"面板上的"饱和度"参数，"红色"为 + 32，"橙色"为 + 56，"黄色"为 + 65。

解读：虽然最后的照片是黑白效果的，但是我希望彩色照片也非常漂亮，所以还是希望通过颜色的调整，让整张照片变得生动起来。因此增加红色以调整手指甲的色彩，增加橙色和黄色以调整肥皂石的色彩。

将照片变成黑白照：执行"照片 > 在应用程序中编辑 > Sliver Efex Pro 2"菜单命令，调色插件。

解读：我喜欢用 Sliver Efex Pro 2 插件进行调整，这个插件需要下载进行安装，它是 Lightroom 最为重要的工具之一。

选择在哪个应用程序中编辑照片：在弹出的对话框中选择"编辑含 Lightroom 调整的副本"选项，然后单击"编辑"按钮
编辑。

解读：选择"编辑含 Lightroom 调整的副本"选项，照片编辑只针对副本进行调整，不会对源照片进行修改。

选择黑白效果图：打开 Sliver Efex Pro 2 插件以后，在左侧的效果预览框中可以查看到很多黑白效果。

解读：选择编号为 006 的黑白效果后，在右侧的"调整所有"面板中设置参数，"亮度"为 −3%，"对比度"为 17%，"细节强度"为 100%。再将"调性保护"中的"阴影"移动到一半左右的位置，恢复一些暗部细节，"亮点"调整到最右边，挽救一些白色的细节。

增加完成调整： 找到右下方的"完成调整"面板，"调"选择中性，"黑角"选择镜头跌落3。

解读： 首先我希望照片变得非常有质感，但又不想是那种泛黄的效果，尝试了所有的组合，感觉还是中性最好，调整"黑角"是为了让视线更集中。

完成修图并查看最终效果： 单击"保存"按钮 ▮▮保存 保存对照片的修改，同时返回到Lightroom中。

解读： 此图为对角线构图，一只手握石头，另外一只手拉着锯条，当你看到这幅画面时肯定很好奇这是谁，在做什么事情？锯条下的石末飞泻而出，动静结合，这就是我希望拍摄的效果。

第05章

人文篇

Lightroom

5.1 品渔夫烤鱼

在巴林戈湖，我拍摄到了最摄人心魄的一张照片——《渔夫肖像照》。

5.1.1 拍摄地索引

　　巴林戈湖 (Baringo Lake) 是东非肯尼亚中西部的湖泊。面积 129km²，平均深度 5m，为淡水湖。周末，我们一行 12 人驱车前往这个面积比博格里亚湖大很多的湖泊，我来肯尼亚快 3 年了，却是第一次听说巴林戈湖。是什么原因让这个湖淹没在肯尼亚众多的旅游资源之中，不被人所提及？

　　我仔细地搜索了相关资料，想对这个湖有进一步的了解。但是大多数介绍的都是"巴林戈湖是位于非洲东部的一个以赏鸟活动著称的大淡水湖，详细的位置在肯尼亚首都内罗毕的北方 280km 处，也是东非大裂谷区最北边的一个淡水湖，面积约 130km²，有两条河流流入，但没有明显的河流流出。巴林戈湖在过去人迹罕至，有很多鸟类栖息在湖边，种类超过 470 种，包括观光者慕名而来的非洲红鹤，但目前因观光的原因，鸟类数量稍微受到了影响。巴林戈湖中间最大的 01 Kokwe Island 岛目前设有露营区"。得到的信息仅此而已，还是前往巴林戈湖一探究竟吧。

站在巴林戈湖心的小岛上，遥看巴林戈湖全景。

5.1.2 拍摄器材

相机	尼康 D700
镜头	尼康 AF-S 尼克尔 24-70mm f/2.8G ED，尼康 AF-S 尼克尔 70-200mm f/2.8G ED VR II

5.1.3 拍摄前的准备

每次外出拍摄，都要整理好你的相机包、机身、电池、备用电池、存储卡（2张）并格式化。每次拍完照片我就直接将其导到计算机中，必须当天就处理完拍的照片，要是等到第2天再做，很可能会一拖再拖，甚至就再也没有激情打开之前的照片了。大家是不是也都是这样的？所以当天的照片当天做，这样就可以安心格式化存储卡了。闪光灯、电池、三脚架、镜头（由于我们这次要坐船，坐船要注意防水，带一条干毛巾包着镜头，这样有备无患）。

摄影师最喜欢的拍摄时间是早晨和傍晚。好吧，我只能说这样的时间是摄影师的梦想，我们更多的是在不合适的时间拍摄照片，况且这里处于赤道附近，早上9点的时候，太阳就差不多在头顶了，这是顶光的节奏，我们无法避免。

5.2 品渔夫烤鱼照片分析

摄影就是还原我们眼睛所看到的景色，所以谢天谢地，Lightroom 能实现这件在以前老一辈摄影师眼中需要苦练很久的技术。

我们要做的就是曝光尽量准确，对焦一定要清晰，只要在 Lightroom 的能力范围，还愁没有好照片吗？

把 RAW 格式的照片置零，然后在这样毫无设置的白纸之上开始我们的 Lightroom 之旅。

原片是用尼康 AF-S Nikkor 24-70mm f/2.8G ED 的 66 毫米端拍摄的，属于近距离人像。用 50-70mm 端拍摄都是不错的选择，这样人脸清晰，且背景虚化。曝光参数上选择降 2 挡，符合"白加黑减"的原则，我喜欢用 F8 的光圈，因为这样可以在后期中虚化背景。ISO 要小，因为是大白天，所以不需要用很高的 ISO，用 200 就可以了，这样可以尽量降低快门速度。白天拍摄照片的时候会出现快门达到 1/2000s 都曝光过度的情况。在这样的参数搭配下，相机内部的测光表快门速度用 1/640s 效果还是不错的。所以大家可以看到即使是中午 12 点，远处背景也没有曝光过度，脸部由于顶光有些欠曝，这在我预计的范围之内。当然这些参数只是我当时通过迅速的思考所做出的选择，不一定是最佳选择，大家可以自由选择适合自己的拍摄方式。

当我们的船靠近这位渔夫的时候，我被他脸部的线条和结实的肌肉所吸引，我当时的想法是一定要展现一位朴实的渔夫，他的眼睛非常有吸引力（或许是右眼有些问题）。不过这样反而能成为整张照片的关注点，从而达到我的目的——让观众被这张脸所吸引。

原片分析：拍摄参数

相机	尼康
镜头	AF-S Nikkor 24-70mm f/2.8G ED 的 66 毫米端镜头
ISO	200

做减法： 在右侧的"工具条"中单击"裁剪叠加"按钮■■（快捷键为 R）。

解读： 在早期学习摄影时，新华社浙江分社的摄影记者谭进老师曾经指导过我的拍摄，他说摄影最重要的就是做减法，减去一切分散观众注意力的元素，只要让观众专注于你的被摄物体，这张照片的目的就达到了。所以我们先用"裁剪叠加"工具■■裁去不必要的元素。

确定构图： 拖曳裁剪框，确定要保留下来的图像。

解读： 我为什么要这样裁剪？首先要表达的主体就是这位渔夫沧桑的脸庞和结实的肌肉，所以旁边渔船上的人物，以及右边拍虚的部分，都是造成分散观众注意力的主要元素，那我们就和这些东西说再见吧。三分法则在构图中的地位相当重要，你可以把它看成九宫格，但是叫作三分法似乎更合适一些，我们要把吸引观众注意力的点放置在 4 条线的交叉点上。所以在裁剪之后，我们会发现渔夫的嘴唇和牙齿在交叉点上，而眼睛分别在竖线的两侧。这样观众肯定是先被亮的要素所吸引，然后再看暗色的要素。

TIPS　三分构图原则

这里我们采用"三分原则"进行裁剪，在执行"工具 > 裁剪参考线叠加"菜单命令后可以观察到。当然也可以通过其他的方式进行裁剪，根据个人的爱好来进行选择即可。构图的原则无论三分法也好，九宫格也罢，其实目的都一样，就是要将自己希望观众关注的焦点放在交叉点上。

裁剪多余元素： 确定好保留的元素后按 Enter 键或双击图像确认裁剪。

解读： 裁剪之后就得到了想要的初稿，很显然，虽然背景还能接受，但人物面部欠曝且眼神无力，牙齿也不够亮。所以接下来需要对画面整体进行调整。

在直方图中寻找曝光依据：展开"直方图"面板，查看画面的明暗分部。

解读：估计很多人都不理解直方图是什么意思，这其实就是整个画面的明暗分布图。从图中可以清楚地看到，左边的尖峰和右边的尖峰都比较高，说明画面的暗部和亮部都有了，就是中间部分几乎没有。所以要做的就是让中间的细节能充分展现出来，然后让暗部更均匀。

调整整体画面：在"基本"面板中调整各项参数，"色调"为 −6，"曝光度"为 + 0.6，"对比度"为 + 11，"高光"为 −63，"阴影"为 + 17，"白色色阶"为 −72，"黑色色阶"为 + 27，"清晰度"为 + 100。

解读：首先是提高清晰度，对于非洲人的照片，我喜欢用 + 100 的"清晰度"值，为什么？因为非洲人的皮肤非常细腻，即使把"清晰度"提高到 + 100，他的皮肤还是如丝一般的光滑，肌肉的线条、脸上沧桑的痕迹也更加明显了。然后就是调整"曝光度"到 + 0.6，这时需要减高光和白色色阶来中和调整曝光引起的高光被剪切的后果，所以将"高光"调整到 −63，"白色色阶"调整到 −72。也需要增加阴影和黑色色阶来增加需要再提亮的暗部细节，所以将"阴影"调整到 + 17、"黑色色阶"调整到 + 27。是不是有很大不同？细节都出来了！

TIPS 基本面板的重要性

我将通过调整基础选项里的滑块调整呈现的效果。这个工具中包含了调整整个画面曝光方面的重要滑块，只要自行调整，你就能清楚地明白它们的作用。

提亮眼睛与牙齿：按 Ctrl++ 组合键放大照片的显示比例，然后在右侧的"工具条"中单击"调整画笔"按钮■■■，接着在下面的"蒙版"面板中调整各项参数，同时勾选"显示选定的蒙版叠加"选项，最后在眼睛与牙齿上涂抹。

解读：这里需要将眼睛和牙齿调整得再亮一些。首先将画笔的"大小"调整到 3.6，"羽化"调整到 91，"流畅度"调整到 50，然后勾选"显示选定的蒙版叠加"选项（勾选该选项可以清楚地观察到涂抹的部位）。用画笔涂抹眼睛和牙齿部位，当涂抹完毕之后，取消对"显示选定的蒙版叠加"的勾选，然后就可以查看提亮效果。

继续提亮眼睛与牙齿： 将画笔的 "曝光度" 调整到 2.16，"清晰度" 调整到 100，然后继续提亮眼睛与牙齿部位。

解读： 经过上面的操作以后，发现眼睛和牙齿的亮度以及清晰度还不够，因此继续调整参数。这里不需要再勾选 "显示选定的蒙版叠加" 选项，因为大的基调已经确定了，可以边涂抹边观看效果。

将额头压暗： 将画笔的 "曝光度" 调整到 −2.96，"清晰度" 调整到 61，"大小" 调整到 7.2，"羽化" 调整到 91，"流畅度" 调整到 50，同时勾选 "显示选定的蒙版叠加" 选项，然后在较亮的额头上涂抹。

解读： 仔细观察头部，可以发现脑门太亮，有种抢镜的感觉，因此将 "曝光度" 调整到 −2.96，"清晰度" 调整到 61，同时调整好其他参数，然后在额头上的高光部位涂抹，将其压暗。

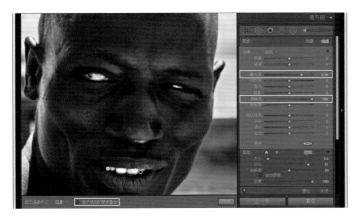 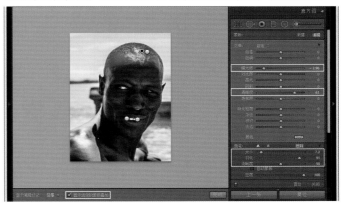

查看整体效果： 在操作界面底部单击 "完成" 按钮 完成 ，查看调整完成后的效果。

解读： 整张照片的彩色部分差不多就是这样的，但是感觉还可以再好一些，为什么？因为后面的湖水和船感觉还是有些突兀。

将照片变成黑白照： 执行 "照片 > 在应用程序中编辑 >Sliver Efex Pro 2" 菜单命令，打开调色插件。

解读： 要解决湖水与船太突兀的问题，将其变成黑白照也许会好一些。我喜欢用 Sliver Efex Pro 2 插件进行调整。这个插件需要下载进行安装，它是 Lightroom 最为重要的工具之一。

选择在哪个应用程序中编辑照片： 在弹出的对话框中选择"编辑含 Lightroom 调整的副本"选项，然后单击"编辑"按钮 编辑 。

解读： 选择"编辑含 Lightroom 调整的副本"选项，照片编辑只针对副本进行调整，不会对源照片进行修改。

完成修图并查看最终效果： 单击"保存所有"按钮保存对照片的修改，同时返回到 Lightroom 中。

解读： 最后呈现的效果就是我喜欢的色调，光滑的皮肤，流畅的肌肉线条，脸部表现力十分强劲，牙齿和眼睛是最吸引人的部位，背后的天空和船只都无法成为分散观众注意力的要素，我被这张不算漂亮的脸深深地吸引。他仿佛有一种魔力吸引着我的眼球。斜视的眼睛，右眼仿佛是故意的半睁开的状态，脸上肌肉分明，厚厚的嘴唇表示热情，他没有正视我的镜头。这让观众不禁要去想，他是谁？他有什么故事？

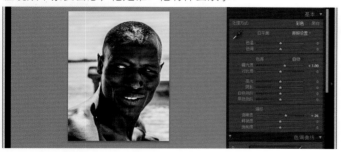

选择黑白效果图： 打开 Sliver Efex Pro 2 插件以后，在左侧的效果预览框中可以查看到很多黑白效果。

解读： 选择第 006 个黑白效果，但还不尽如人意，需要在右侧的"调整所有"面板中将"亮度"调整到 22%、"对比度"调整到 -12%、"细节强度"调整到 30%，这样就得到了一个银色光滑皮肤的质感效果。其实这些参数没有一个固定的数值，合适就好，没有必要一成不变。

TIPS | **Sliver Efex Pro 2 插件**

Silver Efex Pro 2 有多年的研究和发展的优势，以及来自世界各地的顶级专业摄影师的意见。这些研究和意见使 Silver Efex Pro 2 拥有最佳的黑白转换算法，可以在几秒内创造出惊人的黑白图像。无论你是专业人员还是业余爱好者，Silver Efex Pro 2 给你所有的权力去控制图像。以内置的几十个视觉预设为出发点，如亮度、对比度、饱和度、结构、模型、色调，添加预设后还可以进一步打造你的图像。

革命性的 U Point 技术。对于摄影师而言，图像增强的最困难的方面之一是选择编辑区的图像，而不会影响其他区域，Silver Efex Pro 2 真正解决了这些问题。

对黑白技术特别开发的算法，实现速度比以往都快，如动态亮度控制、黑与白的转换、精细结构、柔和对比度和智能亮度调整。

5.3 肯尼亚马萨雷人的悠闲生活

　　在马萨雷居民区我拍到了这张《课间生活》，这里的孩子们一点都不腼腆，他们看到我的照相机就如同蜜蜂看到鲜花，纷纷围绕过来，嘴里喊着，"How are you！"似乎他们只会这么一句，我也回报他们"Jambo"（斯瓦西里语，你好的意思）。校门口的那个木栅栏似乎是他们的"高低杠"，记得我上小学那阵子也很喜欢学校里的双杠和高低杠。

5.3.1 拍摄地索引

　　这次前往肯尼亚马萨雷是为了看望在那边的北京小学里读书的孩子们。然而此次却让我看到了这里的悠闲生活。这让我大吃一惊，与我想象中的马萨雷有很大的不同。马萨雷居民在中午时分下棋、聊天、洗衣服、做生意，充分地向我们这些外来的不速之客展现了他们悠闲的一面。

5.3.2 拍摄器材

相机	尼康 D700
镜头	尼康 AF-S 尼克尔 24-70mm f/2.8G ED

5.3.3 拍摄前的准备

我们在世界读书日之际,想去马萨雷北京小学看看孩子们的学习状态。让我有些意外的是,他们十分快乐,有书读就是一种幸福,还有很多没上学的孩子羡慕地看着他们。我只是在旁边静静地站着,让他们忽略我的存在,但是孩子们的镜头表现力太强了,他们天生有一种无法掩饰的热情,能让你充分感受到他们对于我们这些外来的朋友的喜爱。

在这样的地方摄影,需要准备哪些装备?越简单越好,最普通的衣物,普通的相机包,一机一镜就可以了。

5.3.4 精彩照片

马萨雷北京小学的孩子们快乐地跑着、跳着、打闹着。看着他们满地打滚,仿佛我也回到了童年,曾经我也是在泥地里快乐、单纯地打闹。这片校门口的黄土地就是他们的操场、足球场,还有游乐场。肯尼亚小学中午是提供免费午餐的,有些孩子为了省钱,就在学校吃一顿,早饭和晚饭都省了。仿佛他们都上足了发条,穿着沾满泥巴的球鞋、凉鞋、拖鞋,还有保暖鞋,在这片属于他们自己的天地里自由地成长着。

头顶柴火的女士,厉害啊!头顶上的生意,买菜大妈们在拉家常。

这红白国际象棋，你知道怎么下吗？一开始我看到的时候以为他们在下中国象棋，走进细看才发现是这样的国际象棋，当我要求给他们拍照的时候，他很热情地向我招手。

快乐的建筑承包商，这两兄弟在帮居民修复房屋。这也是一门专业技术活。

5.4 马萨雷人们的悠闲生活照片分析

原片是用尼康 AF-S 尼克尔 24-70mm f/2.8G ED 的 24mm 端拍摄的，当我拿着相机靠近这群小孩的时候，他们兴奋地向我做着各种奇怪的表情。当天早些时候下过雨，所以地上还有一些泥泞，我拿着相机半蹲在地上，刚好最前面的小孩向我吐着舌头做鬼脸，刚开始我并没有意识到这张照片不错，从预览里面看由于是顶光，所以孩子的脸部曝光不是特别理想，我曾经有一种将其删除的冲动，但是转念一想也许能挽救吧。当我用 Lightroom 打开这张照片的时候心里凉了半截，但是想尝试着看，其实制作后的彩色原片也还不错，但是我想把一些干扰因素减少，所以做出黑白效果是最好的。

原片分析：拍摄参数

相机	尼康 D700				
镜头	AF-S Nikkor 24-70mm f/2.8G ED				
ISO	400	焦段	24mm	光圈	f/8
快门	1/800s				

把 RAW 格式的照片置零，然后继续我们的 Lightroom 之旅。

做减法： 在右侧的"工具条"中单击"裁剪叠加"按钮█ （快捷键为 R ）。

解读： 我想把旁边转铁杆的两个小孩给裁剪掉，他们的出现有些破坏画面，而且最左边的小孩的脸没拍进去，少了半边。所以我先用"裁剪叠加"工具█裁去不必要的元素。

确定构图： 拖曳裁剪框，确定要保留下来的图像。

解读： 为什么要这样裁剪？首先我要表达的主体是右下角的小孩的脸，她的脸最有戏剧性，非常有表现力，吐着舌头，瞪着大眼睛。然后把左边的两个小孩裁剪了，天空部分也去掉，留下挂在高低杠上的那个小孩头部以上一点点就可以了。这样右下方小孩的脸就是黄金螺线的中心点。这样在构图上没有什么大问题，大家的视线会集中到右下方的那个小孩，最后通过木桩延伸到远处的孩子们。我所设计的视觉线路就是这样。

TIPS | **黄金螺线**

快捷键 D 进入修改照片模块。
快捷键 R 进入叠加剪裁。
快捷键 O 切换剪裁网格叠加。叠加网格中包含黄金螺线。
快捷键 Shift+O 切换剪裁网格叠加方向。

裁剪多余元素： 确定好保留的元素后按 Enter 键或双击图像确认裁剪。

解读： 裁剪之后就得到了想要的初稿，很显然画面中的人物面部全黑，这没法看啊，人家本来就黑。好吧，我承认拍得确实不怎么样，不过接下来就要看 Lightroom 如何化腐朽为神奇了，正所谓前期不够后期补嘛。

在直方图中寻找曝光依据： 展开"直方图"面板，查看画面的明暗分部。

解读： 前面已经解释过直方图的用途，我在这里就不赘述了，从下面的直方图中可以看到，整体曝光，白色色阶部分欠缺了点，而黑色色阶又太多了，我们需要调整一下直方图。

调整整体画面： 在"基本"面板中调整各项参数，"高光"为 −44，"阴影"为 + 48，"白色色阶"为 + 20，"黑色色阶"为 + 100，"清晰度"为 + 100，"鲜艳度"为 + 24，"饱和度"为 −7。

解读： 对于非洲摄影，我基本上不考虑其他的，首先提高清晰度。也许我这么做有些大神会喷口水，不管了，我就是喜欢肯尼亚本地人皮肤的质感，像巧克力一样的光滑，让人忍不住要去咬一口啊！然后通过提高白色色阶把曝光不足的部分补充一下，通过提高黑色色阶，然后把阴影部分也增加一些，让曝光不足的脸部变得明亮起来。最后将"高光"减少到 −44，这样有些光线直射的地方会柔和一些。

提亮眼睛与舌头： 按 Ctrl++ 组合键放大照片的显示比例，然后在右侧的"工具条"中单击"调整画笔"按钮，接着在下面的"蒙版"面板中调整好各项参数，同时勾选"显示选定的蒙版叠加"选项，最后在眼睛与舌头上涂抹。

解读： 这里需要将眼睛和舌头调整的再亮一些。首先将画笔的"大小"调整到 1.5、"羽化"调整到 100、"流畅度"调整到 100，然后勾选"显示选定的蒙版叠加"选项（勾选该选项可以清楚地观察到涂抹的部位）。用画笔涂抹眼睛和舌头部位。当涂抹完毕之后，取消对"显示选定的蒙版叠加"的勾选，查看提亮效果。

提亮眼睛与牙齿： 将画笔的"曝光度"调整到 0.72、"清晰度"调整到 100。

解读： 经过上面的操作以后，发现眼睛和舌头的亮度以及清晰度都到位了。

压暗天空： 在右侧的"工具条"中单击"渐变滤镜"按钮（快捷键为 M），设置 2 个渐变滤镜，一个设置在天空，"曝光度"为 −1.18，"清晰度"为 + 100；另外一个设置在地面，"曝光度"为 −1.07。

解读： 使用渐变滤镜，把天空压暗，让天空不要过于明亮，这样观众的注意力就不会被天空分散。然后在蒙版最下方的颜色中选择蓝色，就可以把天空变蓝。然后给画面下方的红土地加一个渐变滤镜，让其变暗。

TIPS 渐变滤镜的使用

按 H 键可隐藏或显示标记和"渐变滤镜"参考线，或者从工具栏上的"显示编辑标记"菜单中选择显示模式。
拖动"效果"滑块。按 Ctrl+Z (Windows) 组合键或 Command+Z (Mac OS) 组合键还原调整历史记录。单击"复位"可删除选定工具的所有调整。
通过选择"渐变滤镜"的标记并按 Delete 键来删除这种效果。

调整画面色彩： 在右侧的操作界面找到"HSL/颜色/黑白"选项。设置"饱和度"栏内的参数，"红色"为 + 22，"橙色"为 −38，"黄色"为 −25，"绿色"为 + 50，"浅绿色"为 + 22，"蓝色"为 + 39，"紫色"为 + 32，"洋红"为 + 36。

解读： 提高红色是为了突出小孩脸部，让其红润些，把橙色和黄色减少，是为了降低整个画面偏黄的感觉。增加绿色是为了把后面的树叶变得更绿一些。增加蓝色是为了让孩子身上的衣服和天空变得更蓝。增加紫色和洋红是为了调整孩子袜子和书包的色彩。

查看整体效果： 在操作界面底部单击"完成"按钮 完成 ，查看调整完成后的效果。

解读： 对比一下调整前后的照片，可以看到整张照片经过 Lightroom 的修饰已经完全活了。但是整体感觉还不是特别理想，所以我们再试试把照片转变成黑白片看看效果如何。

将照片变成黑白照：执行"照片 > 在应用程序中编辑 > Sliver Efex Pro 2"菜单命令，打开调色插件。

解读：背景里的孩子们的表现力太强了，感觉有些抢了最前面这个孩子的风头，而将照片变成黑白照就能使主角得到突出。我喜欢用 Sliver Efex Pro 2 插件进行调整。

选择在哪个应用程序中编辑照片：在弹出的对话框中选择"编辑含 Lightroom 调整的副本"选项，然后单击"编辑"按钮 编辑 。

解读：选择"编辑含 Lightroom 调整的副本"选项，照片编辑只针对副本进行调整，不会对源照片进行修改。

选择黑白效果图：打开 Sliver Efex Pro 2 插件以后，在左侧的效果预览框中可以查看到很多黑白效果。

解读：选择编号为 006 的黑白效果，然后在右侧的"调整所有"面板中将"亮度"调整到 –3%，"对比度"调整到 19%，"细节强度"调整到 68%。其实这些参数没有一个固定的数值，合适就好，没有必要一成不变。

改变画面色调：在右侧的工具栏里面的"完成调整"选项中，把"调"选择为1，"黑角"选择"镜头跌落1"效果。

解读：色调完全可以根据你希望图片所表达的心情而选择。黑角的作用就是压暗周边，让视觉中心再次集中到画面中间。

完成修图并查看最终效果：单击"保存所有"按钮 保存所有 保存对照片的修改，同时返回到Lightroom中。

解读：最后呈现的效果就是我希望表达的效果，金属质感的皮肤，画面曝光均匀，视觉引导符合我希望的路线。孩子们表情非常有特点，充分展示了非洲孩子的活泼与可爱，也体现了非洲孩子生活中的一种快乐，这种快乐感染着我们。

5.5 蒙巴萨康巴手工艺人

　　一位年长的艺人在工厂里制作工艺品。

5.5.1 拍摄地索引

蒙巴萨 (Mombasa) 是仅次于内罗毕的肯尼亚第二大城市，是非洲东海岸最大的港口。

郑和西航途经的"慢八撒"，即现在的蒙巴萨，在《郑和航海图》里有记载。

5.5.2 拍摄器材

相机	尼康 D4
镜头	尼康 AF-S 尼克尔 24-70mm f/2.8G ED

5.5.3 拍摄前的准备

"海边、沙滩、椰树、仙人掌还有那海盗老船长！"蒙巴萨就是这样的一个城市，蒙巴萨是一座海岛，由跨海大桥与大陆相连，当然蒙巴萨最吸引人的还是它的沙滩和海鲜。

位于肯尼亚海滨城市，蒙巴萨的康巴手工艺社区成立于1963年,召集了2800余名当地手艺人在这里制作木雕与肥皂石雕工艺品。这里的作品以游客喜闻乐见的非洲动物雕刻为主，工匠将做好的木雕集中销售，每个木雕有自己的编号，由于大家的作品放在一起，售卖竞争十分激烈。旺季时，来东非观光的游客蜂拥而至购买纪念品，而在眼下的淡季，即使是口碑好的工匠，"开张"也只能全凭运气。

黑木 (ebony) 又称乌木或黑檀木，是一种珍贵的硬木。在非洲各个国家，最具有共性的旅游纪念品就是黑木雕，每个国家的雕刻风格都有所不同，肯尼亚的黑木雕有着自己的特色。肯尼亚的黑木树干挺拔粗大，直径在 50cm 以上，年轮较厚，木质也比较软，大多加工成体积较大的工艺品，一般高 0.5m~2m，重 10kg 以上。雕刻成各种人物头像，各种草原猛兽，如狮子、大象、犀牛、长颈鹿、野牛……还有专门为中国旅客设计的黑木筷子和擀面杖等日用品。

5.5.4 精彩照片

能看出来他做的是什么吗？

应该是小犀牛。

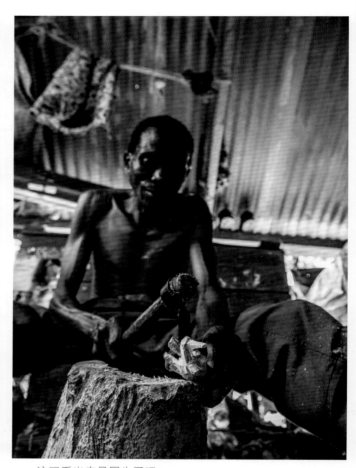

这回看出来是犀牛了吧！

这一件件还没上漆和打磨的原始作品其实也是很不错的。

细部雕刻。

这位老工匠雕刻的木头并不是黑木。

这种外面白色、里面黑色的木头才是黑木，现在黑木已经非常稀少了。

5.6 蒙巴萨康巴手工艺人照片分析

原片分析：拍摄参数

相机	尼康 D4				
镜头	AF-S Nikkor 24-70mm f/2.8G ED				
ISO	5000	焦段	70mm	光圈	f/5.6
快门	1/100s				

　　把 RAW 格式的照片置零，然后在这样毫无设置的白纸之上开始我们的 Lightroom 之旅。

　　原片是用尼康 AF-S Nikkor 24-70mm f/2.8G ED 的 70mm 端拍摄的，现场光线很暗，所以用了很高的 ISO，可见 D4 的尼康相机在高 ISO 下的效果相当不错。

在直方图中寻找曝光依据：展开"直方图"面板，查看画面的明暗分部。

解读：通过直方图，我们看到黑色色阶和白色色阶的部分都有明显的溢出情况发生，说明这张照片的问题在于有些地方曝光过度，有些地方曝光又不够，这就需要我们后期使用 Lightroom 修改。

调整整体画面：在"基本"面板中调整各项参数，"曝光度"为 -1.65，"对比度"为 + 67，"高光"为 -100，"阴影"为 + 90，"白色色阶"为 + 63，"黑色色阶"为 -30，"清晰度"为 + 35，"鲜艳度"为 + 11，"饱和度"为 -39。

解读：之所以每次都要写这个流程参数，主要是想让大家每次都按照这个顺序练习一下，看看照片在调整参数的时候，会有什么样的变化。在这张照片中，通过降低曝光度，可以让曝光过度的情况减缓。然后随着我们移动"高光""阴影""白色色阶"和"黑色色阶"的滑块，你可以用心地去体会一下，为什么这么调整，这个数据不是唯一的，但是是最理想的。然后调整清晰度和鲜艳度，这个时候画面会变得非常黄！别奇怪，为了把过度的黄色去掉，我们可以减少饱和度。调整照片就是加加减减。

修改画面颜色： 对 "HSL" 选项里的 "饱和度" 和 "明亮度" 进行调整: "饱和度" 下的 "红色" 为 −17、"橙色" 为 −15、"黄色" 为 −12，"明亮度" 下的 "红色" 为 −14、"橙色" 为 −19、"黄色" 为 −19。
解读： 由于画面整体还是偏黄，所以需要减少红色、橙色和黄色的饱和度与明亮度，通过这样的调整之后，画面就是我期望的效果了！

对比前后效果： 单击 "对比" 按钮 可以查看前后的效果。
解读： 原片的曝光过度在后期修正之后已经是可以接受的范围了，而且阴影部分的细节也非常明显，能感受到摄影师在现场的感觉。

 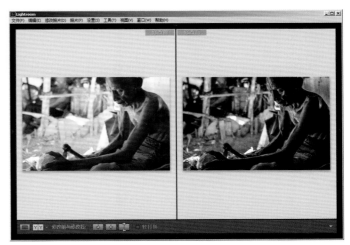

5.7 世界上跳得最高的人

马赛人原地弹跳能到达 1m 以上的高度，便于其在非洲草原观察地形。使用 18mm 定焦镜头的冲击力，可以说是超乎想象的。

5.7.1 拍摄地索引

肯尼亚人是世界上最能跑的人，世界各地的马拉松赛名列前茅的经常有肯尼亚选手。马赛人的立定跳高也堪称世界一绝，这也是马赛人与野兽打交道训练出来的生存技能。游客在马赛马拉游玩结束后，一般情况下导游都会带大家去马赛村看看。

5.7.2 拍摄器材

相机	尼康 D4
镜头	尼康 AF-S Nikkor 18mm

5.7.3 拍摄前的准备

出于对部落的好奇，我还是选择去看看，所以事先你得和卖票的人说好，门票费用包含照相的费用。要不然他们默认的情况下是不含摄影的费用的，要拍照还得另外付钱。所以带好去马赛马拉的器材到这里就会很随意了，没有特定的拍摄方式，我个人喜欢用广角无限靠近，然后拍独特角度的特写。

在广袤的草原上，活跃着这么一群马赛人，他们的村落就是这样的原型，可以防止野兽的入侵。

5.7.4 精彩照片

　　马赛人原地跳能达到 1m 以上的高度，这主要是为了观察是否有野生动物的踪迹。以前在草原上马赛勇士举行成年礼的时候都必须去杀一头狮子，但是现在马赛勇士以保护狮子为他们的责任。

5.8 世界上跳得最高的人照片分析

原片分析： 拍摄参数

相机	尼康 D700		
镜头	AF-S Nikkor 24-70mm f/2.8G ED		
ISO	200	焦段	18mm

　　把 RAW 格式的照片置零，然后在这样毫无设置的白纸之上继续我们的 Lightroom 之旅。

　　我们需要寻找最好的角度来拍摄，角度决定了照片的冲击力，低角度就需要广角镜头来营造强烈的冲击力。先对好焦，然后把相机放到地上，这样广角的景深范围内的地方都是实焦，可以很好地营造出你趴在地上都拍不到的角度。

做减法确定构图： 在右侧的"工具条"中单击"裁剪叠加"按钮■（快捷键为 R）。

解读： 我希望把右侧的天空与大地部分剪裁掉，这样能更好地集中观众的注意力。所以先用"裁剪叠加"工具■裁去不必要的元素。拖曳裁剪框，确定要保留下来的图像。

在直方图中寻找曝光依据：展开"直方图"面板，查看画面的明暗分部。

解读：左侧白色色阶严重溢出，说明天空太亮了，已经过曝很多了，得想办法改善。

调整整体画面：在"基本"面板中调整各项参数，"色温"为5337，"曝光度"为 –1.20，"对比度"为 –46，"高光"为 –80，"阴影"为 + 65，"白色色阶"为 + 22，"黑色色阶"为 –22，"清晰度"为 + 71。

解读：首先是改变色温，让颜色偏暖一些；然后减小曝光度，可以让天空曝光正常一些；接着减少对比度和高光，增加阴影和白色色阶，减少黑色色阶，让整个画面的曝光更加合理，变得有点人像 HDR 的感觉。最后增加清晰度。

调整"细节"下的锐化：调整"细节"下方的"锐化"里的参数，"数量"为 94，"半径"为 1.4，"细节"为 12，"蒙版"为 92。

解读："锐化"主要是为了加强细节，"数量"是用来调整锐化的强烈程度的(对人像的处理应柔和点，数量不应调得太高)。锐化部分区域，可以利用"蒙版"功能，按住 Alt 键然后调整"蒙版"参数，在调整的过程中变成黑色的区域就是不会被锐化的部分，变成白色的区域就是要被锐化的部分，可根据自己的想法进行适当调整。

查看整体效果：在操作界面底部单击"完成"按钮 ，查看调整完成后的效果。

解读：画面曝光更加完美，让天空的云的细节以及人物的细节都显现出来。

5.9 肯尼亚拳王

肯尼亚拳王 Michael 仔细地缠着护手的绑带，这是他每日做得最认真的一件事情，瞧这满头大汗，可见他训练有多刻苦。

5.9.1 拍摄地索引

Michael odhiambo 又名 Hurricane，今年 32 岁，是肯尼亚轻量级拳王，在肯尼亚排名第一。

他现在除了从事训练和职业比赛外，每周末还教孩子们拳击，帮他们树立正确的人生观，也给那些有天赋并且努力的孩子一个走向成功的机会。

5.9.2 拍摄器材

相机	尼康 D700
镜头	尼康 AF-S Nikkor 18mm
闪光灯	SB 910

5.9.3 拍摄前的准备

拳王的训练房光线比较暗,做完准备工作就要开始上拳套练拳了,侧光可以让拳王的肌肉线条更加明显,拍摄时用24-70mm镜头,站在高处,然后从上往下把整个人都拍进来。

5.9.4 精彩照片

拳套上都是签名。

这里就是Michael的梦想起飞的地方。

每天不懈的锻炼,让Michael Odhiambo保持肯尼亚的排名。

Michael的拳击征途还在路上,马上就要出发去俄罗斯参加轻量级的拳王争霸赛。

5.10 肯尼亚拳王照片分析

原片是用尼康 AF-S Nikkor 24-70mm f/2.8G ED 的 24mm 端拍摄的，为了让相机在闪光灯 1/250s 的安全快门之内，我们需要适当地减小光圈。

原片分析： 拍摄参数

相机	尼康 D4				
镜头	AF-S Nikkor 24-70mm f/2.8G ED				
ISO	100	焦段	24mm	光圈	f/13
快门	1/100s				

把 RAW 格式的照片置零，然后在这样毫无设置的白纸之上继续我们的 Lightroom 之旅。

做减法： 在右侧的"工具条"中单击"裁剪叠加"按钮▉▉（快捷键为 R）。

解读： 裁剪掉顶部和右边的无效信息。使用"裁剪叠加"工具▉▉裁去不必要的元素。

确定好构图然后裁剪多余元素： 确定好保留的元素后按 Enter 键或双击图像确认裁剪。

解读： 裁剪之后就得到了想要的初稿。

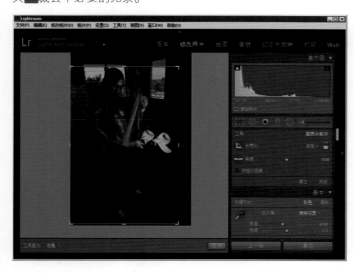

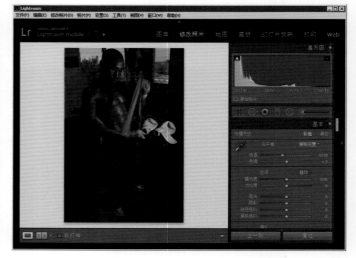

在直方图中寻找曝光依据：展开"直方图"面板，查看画面的明暗分部。

解读：通过直方图，可以看到暗部细节全部丢失，所以我们需要让该亮的地方变亮、该暗的地方变暗。

调整整体画面：在"基本"面板中调整各项参数，"曝光度"为+1.45，"对比度"为+28，"高光"为−100，"阴影"为+100，"白色色阶"为+27，"黑色色阶"为+29，"清晰度"为+100。

解读：首先是提高清晰度，对于非洲人的照片，我喜欢用+100的"清晰度"值，这些参数都是通过不停的调整尝试最终确定的。所以大家可以自己去摸索，调整参数没有一个规定的数值，通常都是根据当时的心情而定。

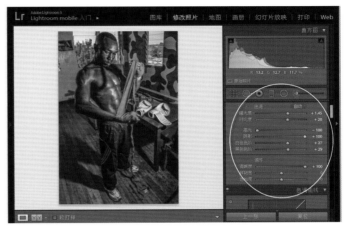

修改画面颜色：将"HSL"选项里的"饱和度"选项中除了红色之外的其他颜色全部调整到−100。

解读：看到颜色变化了吗？很神奇吧，这就是我所希望的色彩。黑白效果让观者的注意力放在拳击手的红色绑带上面，突出想表达的主题。

增加画面暗角：将"效果"里面的"剪裁后暗角"里的数值都调整一下，"数量"为−16，"中点"为47，"羽化"为61。

解读：通过以上的调整，可以让画面的视觉中心更集中。

对比前后效果： 单击"对比"按钮 可以查看前后的效果。

解读： 当黑人的皮肤碰上汗水，那种立体的效果就会变得非常明显，强壮的肌肉，鲜艳的绑扎带，我仿佛又回到了那个训练场。

第 06 章

外 闪 篇

Lightroom

6.1 马萨雷的职业拳击手

　　这个职业拳击手拥有强壮的肌肉，拍摄时使用离机闪光灯，并从侧面打光，生硬的光线使这位硬汉的肌肉线条变得非常立体和清晰，显得十分霸气！

6.1.1 拍摄地索引

　　照片中拍摄的是一个名叫"FIGHT FOR PEACE"的 NGO 的组织。该组织主要教授肯尼亚青少年学习拳击，以此来丰富业余生活，也希望通过这些专业的培训为孩子们带来更好的工作机会。

6.1.2 拍摄器材

相机	尼康 D700
镜头	AF-S Nikkor 24-70mm f/2.8G ED
闪光灯	尼康 S900

6.1.3 拍摄前的准备

　　马萨雷位于内罗毕东北面。居住区中的拳击馆绝对是能出好片的地方。进入居民区一定要精简装备，带一机、一镜、一闪光灯就可以了。这里肯定会有光线不理想的地方，若没有合适的闪光，最终效果可能会比较差，所以必须要带上闪光灯。

6.1.4 精彩照片

一位长相清秀的少年在培训间隙坐在体育馆的地面上。

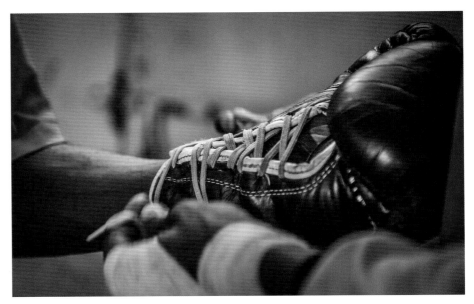

选手们开始戴拳套，准备开始对打练习。

"啊……打……" 现场感是不是很强啊!

坐在旁边跃跃欲试的小孩子们。

　　这张学员们正在训练的照片是使用尼康 D700 的多次曝光功能拍摄的。首先把相机放在桌子上,然后设置拍摄 3 张,拳击手每变换一个位置就拍摄一张。这是最终的效果,多次尝试之后就能娴熟运用了。

这位选手身高估计有 1.9m。

结束场馆里的拍摄后，来到旁边的健身房，这里是职业拳击手训练的地方。这是拳击手在做卧推锻炼的瞬间。

社区之家外面还有许许多多的小孩子，他们通过铁闸门观看里面发生的一切。也许这些孩子到年纪之后也会是 NGO 组织的受益者。

呵呵，秀肌肉的时间到了！看到那个 LV 了吗？太霸气了，得多有档次啊！

他们的鞋子洗完之后就晒在窗边，我说怎么有一股臭脚丫子的味道。

他是一位职业拳击手，这是在他的健身房，其实看到他手上的 LV 时，我是打算拍那个 LV 的，结果这位老兄直接把衣服一脱，怒吼一声！好吧，这么好的机会怎么可以错过！

背部肌肉，上面还有一个奥迪的标志。

6.2 马萨雷的职业拳击手照片分析

因为健身房不大，所以如果直接使用闪光灯，就会照射在模特的脸上，在没有柔光罩的情况下拍出来的照片效果会非常差。最终我选择用侧光，并用离机闪光的方法拍摄，从图中可以很清楚地看到，从侧边照射过来的灯光，使拳击手显得非常强壮，肌肉线条也非常立体，看到这些是不是有一种上去捏一把的冲动呢？

原片分析： 拍摄参数

相机	尼康 D700				
镜头	AF-S Nikkor 24-70mm f/2.8G ED				
ISO	400	焦段	24mm	光圈	f/5
快门	1/100s				

将 RAW 格式的照片置零，然后开始我们的 Lightroom 之旅。

做减法： 在右侧的"工具条"中单击"裁剪叠加"按钮■（快捷键为 R）。

解读： 我想把旁边一起去的朋友，还有闪光灯的眩光给剪裁掉。所以使用"裁剪叠加"工具■裁去不必要的元素。

确定构图裁剪多余元素： 确定好保留的元素后按 Enter 键或双击图像确认裁剪。

解读： 裁剪之后就得到了想要的初稿。当从相机的 LED 屏幕上看到这张照片时，我马上就知道我想呈现的最终效果了。

在直方图中寻找曝光依据： 展开"直方图"面板，查看画面的明暗分部。

解读： "直方图"右侧的白色色阶部分已经是曝光过度了，所以需要在后期的时候调整一下白色色阶部分，而直方图的左侧黑色色阶是个很理想的值。

调整整体画面： 在"基本"面板中调整各项参数，"高光"为 –19、"阴影"为 + 17、"白色色阶"为 –49、"黑色色阶"为 + 48、"清晰度"为 + 100、"鲜艳度"为 + 20、"饱和度"为 –5。

解读： 通过降低白色色阶使曝光过度的部分变暗，提高黑色色阶使阴影部分变暗，最终让曝光不足的脸部变得明亮起来。

提亮眼睛第 1 步： 按 Ctrl++ 组合键放大照片的显示比例，然后在右侧的"工具条"中单击"调整画笔"按钮 ，接着在下面的"蒙版"面板中设置各项参数，同时勾选"显示选定的蒙版叠加"选项，最后涂抹眼睛。

解读： 这里需要将眼睛和牙齿调整得再亮一些。首先将画笔的"大小"调整到 2.9，"羽化"调整到 100，"流畅度"调整到 100，然后勾选"显示选定的蒙版叠加"选项（勾选该选项可以清楚地观察到涂抹的部位，画笔所涂抹的部位变成了红色）。继续用画笔涂抹眼睛部位。涂抹完毕之后，取消对"显示选定的蒙版叠加"的勾选，然后就可以查看提亮后的效果了。提亮眼睛第 2 步：将画笔的"曝光度"设置为 1.93，"清晰度"设置为 100。

解读： 完成以上的操作后，发现眼睛的亮度以及清晰度都到位了。

查看整体效果： 在操作界面底部单击"完成"按钮 完成 ，即可查看调整完成后的效果。

解读： 对比调整前后的照片，发现经过 Lightroom 的修饰后整张照片已经完全救活了。但整体感觉还不是特别理想，我决定将其变成"黑白效果"来看看效果。

将照片变成黑白照： 执行"照片 > 在应用程序中编辑 >Sliver Efex Pro 2"菜单命令，打开 Sliver Efex Pro 2 调色插件。

解读： 使用 Sliver Efex Pro 2 插件将照片变成黑白照。该插件需要上网下载安装，是 Lightroom 最为重要的工具之一。

选择在哪个应用程序中编辑照片： 在弹出的对话框中选择"编辑含 Lightroom 调整的副本"选项，然后单击"编辑"按钮 编辑 。

解读： 选择"编辑含 Lightroom 调整的副本"选项，照片编辑只针对副本进行调整，不会对源照片进行修改。

选择黑白效果图： 打开 Sliver Efex Pro 2 插件以后，在左侧的效果预览框中就能查看到许多黑白效果。

解读： 选择编号 019 的黑白效果，然后在右侧的"调整所有"面板中将"亮度"设置为 -15%、"对比度"设置为 31%、"细节强度"设置为 46%。其实这些数值没有一个固定的数值，感觉合适就好，没有必要一成不变。

完成修图并查看最终效果：单击"保存"按钮保存照片的修改，返回到 Lightroom 中。

解读：最终呈现的效果就是我最初拍摄时的想法，金属质感的皮肤，画面曝光均匀，视觉引导符合我所期望的路线。

6.3 非洲部落服装秀

加纳部落酋长的传统服装，亮瞎了眼啊！

6.3.1 拍摄地索引

在肯尼亚内罗毕，有一个叫作 AFRICA HERITAGE 的公司，收藏了来自非洲各个部落的 150 多套的酋长以及酋长夫人的服装。这些服装是 30 年前一位名叫阿兰的美国人在游历非洲各国期间收藏来的，可以说是一段历史的收藏。30 年后的非洲，日新月异，很多非洲部落古老的传统都在渐渐地消亡，而这些传统的服装将会让历史定格在 30 年前的那个时代，也能让很多非洲人重温当年他们部落的盛况。

6.3.2　拍摄器材

相机	尼康 D700
镜头	AF-S Nikkor 24-70mm f/2.8G ED
闪光灯	尼康 S900

6.3.3　拍摄前的准备

　　一次偶然的机会，"黑摄会"齐林带我来到了这个神奇的地方，让我近距离地接触了这些代表着非洲一个历史阶段的非洲部落服装。我带着心爱的尼康 D700 相机和尼康 AF-S Nikkor 24-70mm f/2.8G ED 镜头，还有一个尼康 SB900 闪光灯，尝试通过外闪，打造一些不一样的光线效果。

6.3.4　精彩照片

马里部落武士服装。

马里部落酋长夫人服装。

尼日利亚酋长及酋长夫人服装。

坦桑尼亚酋长及酋长夫人服装。

尼日利亚酋长及酋长夫人服装。

加纳酋长及酋长夫人服装。

斯瓦西里风格服装。

斯瓦西里风格服装。

坦桑尼亚酋长夫人服装。

非洲部落服饰。

6.4 非洲部落服装秀照片分析

原片是用尼康 AF-S 尼克尔 24-70mm f/2.8G ED 的 26mm 端镜头拍摄的。通常我们在拍摄人像的时候，不建议使用广角镜头。但我想表达一种高大上的感觉，达到一种仰望的效果，所以我选择使用 26mm 端的镜头并低角度靠近被摄对象，这样就有高大上的感觉了！快门设置在 1/200s 的原因是要与闪光灯的速度同步。

原片分析： 拍摄参数

相机	尼康 D700				
镜头	AF-S Nikkor 24-70mm f/2.8G ED				
ISO	160	**焦段**	26mm	**光圈**	f/8
快门	1/200s				

将 RAW 格式的照片置零，然后开始我们的 Lightroom 之旅。

TIPS | **什么是闪光灯的同步速度？**

同步速度：就是相机将快门叶片全部张开，让被摄对象所有范围获得闪光灯均匀照亮所需的最短时间。一般高档数码相机的同步速度为 1/250s，普通相机的同步速度为 1/125s 或 1/180s。对于大部分初学者来说，闪光灯同步速度是个比较生僻的概念，似乎和拍摄照片没有直接联系。其实不然，如果摄影者使用闪光灯时因为选择了高于同步速度的快门，就会出现部分画面被快门页片挡住而没有接受闪光灯照明的情况。可见掌握闪光灯同步速度是在使用闪光灯的条件下拍摄照片的必修课。就我要说的这张照片而言，如果你的快门速度比 1/250s 还要快的话，可能只有上半部分被照亮，而照片的下半部分因为快门叶片的关闭变得很黑。

做减法以及确定构图： 在右侧的 "工具条" 中单击 "裁剪叠加" 按钮███（快捷键为 R）。

解读： 为了直接突出被摄人物，尽可能减少视觉干扰因素，我把人物的眼睛放在九宫格的其中一条分割线上。所以先用 "裁剪叠加" 工具███裁去不必要的元素。

裁剪多余元素： 确定好保留的元素后按 Enter 键或双击图像确认裁剪。

解读： 裁剪之后就得到了想要的初稿，整个画面其实还算是不错的，但是清晰度和杂乱的背景还需要调整一下。

在直方图中寻找曝光依据： 展开"直方图"面板，查看画面的明暗分部。

解读： 我希望"直方图"里面的白色色阶和黑色色阶都在正常的范围内，不要溢出，所以需要稍微调整一下才能成为曝光比较完美的片子。

调整整体画面： 在"基本"面板中调整各项参数，"高光"为 −47，"阴影"为 + 42，"白色色阶"为 −100，"黑色色阶"为 + 26，"清晰度"为 + 100，"鲜艳度"为 + 20，"饱和度"为 −5。

解读： 将"清晰度"调整到 + 100，皮肤的质感马上就跃然纸上了。直方图右侧溢出的部分可以通过减少白色色阶和高光进行改善。直方图左侧的溢出部分可以通过增加阴影和黑色色阶进行改善。而鲜艳度和饱和度的调整是为了改善画面的色彩。

提亮眼睛： 按 Ctrl++ 组合键放大照片的显示比例，然后在右侧的"工具条"中单击"调整画笔"按钮███，接着在下面的"蒙版"面板中调整好各项参数，同时勾选"显示选定的蒙版叠加"选项，最后在眼球上涂抹。

解读： 通过调整画笔的大小可以让画笔精确地涂抹需要调整的地方，所以将画笔的"大小"调整到2.2，"羽化"调整到100，"流畅度"调整到100，接着勾选"显示选定的蒙版叠加"选项，最后涂抹眼球。

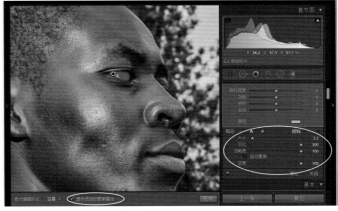

提亮眼睛： 将画笔的"曝光度"调整到 2.5，"清晰度"调整到 100。

解读： 经过上面的操作以后，发现眼睛的亮度以及清晰度都到位了。

虚化及压暗背景： 按 Ctrl++ 组合键放大照片的显示比例，然后在右侧的"工具条"中单击"调整画笔"按钮，接着在下面的"蒙版"面板中设置好各项参数，同时勾选"显示选定的蒙版叠加"选项，最后在背景上涂抹。

解读： 拍人像和静物最好能让焦外都虚化了，这样才能突显主体，如果背景太明显，容易分散观众的注意力。所以需要通过虚化和压暗背景来达到这个目的。调整画笔的"大小"为 9.5，"羽化"调整到 100，"流畅度"调整到 100，然后勾选"显示选定的蒙版叠加"选项，涂抹背景部分，有些细节的地方可以适当减小画笔的"大小"。

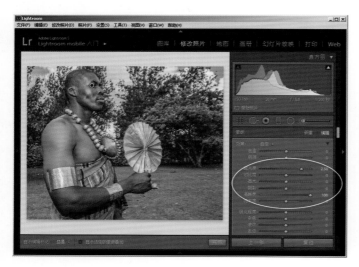

虚化及压暗背景： 将画笔的"曝光度"调整到 −1.5，"清晰度"调整到 −50。

解读： 经过上面的操作以后，背景就没有之前那么抢眼了，变得柔和了许多。

查看整体效果： 在操作界面底部单击"完成"按钮 完成 ，查看调整完成后的效果。

解读： 对比一下调整前后的照片。

一位高大威武的加纳酋长就这样诞生了！是不是觉得 Lightroom 很神奇？那就跟着我们继续看片子吧！

第07章
野生动物篇

Lightroom

7.1 肯尼亚动物孤儿院里的影帝

　　动物孤儿院的猴子是放养的，不怕人，也很少袭击人。我拿着相机往上凑，这猴子也不怕，瞪着眼睛往镜头上看，这正是我想要的。赶快连拍，不过很多都拍虚了，只有这一张是实的，等我拍完，猴子也就跑了。

7.1.1 拍摄地索引

近年来，随着国际社会对野生动物的关注，动物孤儿院已成为肯尼亚被抛弃和受伤野生动物的主要避难所和康复中心了，这里每年吸引 20 多万名游客前来参观或认养。在这里每天下午 3 点，能看到给动物喂食的场景。

7.1.2 拍摄器材

相机	尼康 D700
镜头	尼康 AF-S 尼克尔 24-70mm f/2.8G ED

7.1.3 拍摄前的准备

这次虽然是去拍野生动物，但是主要是近距离拍摄。

7.1.4 精彩照片

这就是肯尼亚内罗毕动物孤儿院门口的"影帝"。它看到我们一群游客，走到我们跟前，直接倒地，然后装作痛苦状，可能是看我们没反应，它左顾右盼，然后站起身来走了。这是什么情况？猴精啊！

动物孤儿院，有 ID 的价格是 300 先令，没有 ID 的价格是 15 美元，价格还可以，不是特别贵。刚进门最好能请一个导游带你们去浏览整个园区，因为他会告诉你什么时候喂食，还有每个动物的一些小故事。这只动物叫作贝宁，它是一只生活在西非地区的白鼻猴，肯尼亚仅此一只，它的领地意识非常强，如果有其他猴子靠近，它会对其进行攻击。

"我舔舔，味道不错哦，就是手太黑了，感觉没洗干净。"

2011 年，联合国世界旅游组织秘书长塔利布·里法伊，在肯尼亚内罗毕动物孤儿院认养了一头猎豹幼崽，并将其命名为"塔利布"。

2012 年，姚明抵达内罗毕动物孤儿院，亲自为一只名叫"闪电博尔特"的雄性猎豹幼崽刷毛。

"是不是到饭点了啊？我找找，送肉的来了吗？"

2009 年 11 月，"世界上跑得最快的人"牙买加飞人博尔特也来到这里，认养了一头 3 个月大的小猎豹，并给它取名为"闪电博尔特"。在博尔特认养小猎豹的同时，肯尼亚总理奥廷加也认养了一对小狮子，这也标志着肯尼亚动物孤儿收养项目的正式启动。

猴子妈妈带着小猴子向游客讨坚果吃。

7.2 动物孤儿院里的影帝照片分析

这是这组照片中我最喜欢的一张，它具有很强的视觉冲击力，尼康 AF-S 尼克尔 24-70mm f/2.8G ED，24mm 端的冲击力确实让人着迷，这是其他可变光圈镜头所没有的感觉。还记得曾经有一次我拿着尼康 D300 的机身，配的是 AF-S DX 尼克尔 18-200mm f/3.5-5.6G ED VR II 去拍一组儿童节时，即肯尼亚本地幼儿园的运动会的照片。同样的角度、场景，拍出来的照片与新华社摄影记者赵颖全用 AF-S 尼克尔 24-70mm f/2.8G ED 拍的照片感觉差得很多。从此之后我喜欢上了 AF-S 尼克尔 24-70mm f/2.8G ED 这款镜头，几乎成了我每次出行的必备镜头之一。

原片是用尼康 AF-S Nikkor 24-70mm f/2.8G ED 的 24mm 端拍摄的，属于小广角拍摄，这肯定会造成畸变，这种畸变如果控制得好的话会非常迷人。曝光参数上选择降 1 挡，因为我是对着猴子的脸曝光，符合"白加黑减"的原则，光圈 f/5.6，因为这样可以控制景深，起码猴子脸是实的，焦外能虚就都虚化了。ISO 我选 400，因为是阴天。由于拍摄的猴子是动态的，我无法把握它下一秒会做什么动作，所以我用 1/800s 的快门，希望能抓住动态的瞬间。在这样的参数搭配下，当我想好设置之后，我端着相机设置成连拍，边靠近边拍，直到猴子觉得我靠得太近，开始伸手抓我的镜头，我迅速地后撤，可惜后撤的瞬间，也拍了一张，构图上是没问题的，结果对焦点在猴子的脚上，脸部和眼睛虚了！

原片分析：拍摄参数

相机	尼康 D700				
镜头	AF-S Nikkor 24-70mm f/2.8G ED				
ISO	400	焦段	24mm	光圈	f/5.6
快门	1/800s				

把 RAW 格式的照片置零，然后开始我们的 Lightroom 之旅。

调清晰度：在右侧的"偏好"中选择"清晰度"，我个人喜欢增加"清晰度"到 + 100，然后适当增加"鲜艳度"到 + 14，减少"饱和度"到 -7，为什么减少饱和度？有时候猴子的毛是黄色的，太黄了，不喜欢那样的感觉。所以我通常会减少点饱和度。

解读：什么叫作毫发毕现？当你把"清晰度"提高到 +100 就是这样的感觉了。我们拍摄的 RAW 格式图像的目的是尽可能地捕捉（即特定传感器的最好性能）现场的拍摄特性。也就是说包含有关场景的光照强度和颜色的物理信息。即把"清晰度"提高到 +100，就是我们人眼看到的真实情况，因为我在现场看到的猴子就是这样的效果，我们要做的就是还原当时人眼看到的情况！

做减法：在右侧的"工具条"中单击"裁剪叠加"按钮■■（快捷键为 R）。

解读：减去一切分散观众注意力的元素，只让观众专注于你的被摄物体，这张照片的目的就达到了。所以我们先用"裁剪叠加"工具■■裁去不必要的元素。

确定构图：拖曳裁剪框，确定要保留下来的图像。

解读：我为什么要这样裁剪？首先我要表达的主体是猴子，所以那些多余的草地和后面的人物都是分散观众注意力的因素。减去这些分散注意力的因素，让观众的注意力集中在猴子的眼睛上这就是我要做的，确定好构图后双击确认。

更换构图参考线：Lightroom 中的构图模式有很多种，当三分法则无法满足你的要求的时候，你可以选择其他的构图参考线。

　　本节使用三角形构图参考线，此时可以看到猴子的眼睛部分在参考线附近，即视觉焦点所在。

TIPS | **切换参考线小窍门**

每按一下快捷键O，就可切换一种剪裁参考线，根据需要与习惯，可自由搭配。

裁剪多余元素：确定好保留的元素后按 Enter 键或双击图像确认裁剪。

解读：裁剪之后就得到了想要的初稿。在野生动物摄影中，我对于动物眼部的要求是非常高的，如果有一点不清晰，就会把这张照片当作废片。

在直方图中寻找曝光依据：展开"直方图"面板，查看画面的明暗分部。

解读：前面几章已经讲过直方图在摄影创作时的作用了，在修图过程中直方图也是非常重要的曝光参考。

TIPS | **拍摄野生动物的关键窍门**

在拍摄野生动物时，最重要的窍门就是把镜头的整个焦点对准要拍摄的动物的眼睛，因为没有什么比这个更能突出重点了。通常拍摄运动或者飞翔的野生动物时，一定要把焦距对准它们的眼睛，试想你拍了一张唯美的照片，主体是一头健美的豹子，什么都是完美的，唯独眼睛的部分虚了，我估计你恨不得想把相机砸了！

调整整体画面： 在"基本"面板中调整各项参数，"对比度"为 + 23，"阴影"为 + 21，"白色色阶"为 0，"黑色色阶"为 + 60。

解读： 首先调整阴影和黑色色阶，因为从直方图中可以看到，黑色色阶溢出了，我们需要提高黑色色阶来让全黑的部分增加细节。高光部分基本没有改变，因为没有曝光过度的地方。最好再调整一下对比度，将反差调整一下。

提高眼神光： 按 Ctrl++ 组合键放大照片的显示比例，然后在右侧的"工具条"中单击"调整画笔"按钮 ，接着在下面的"蒙版"面板中调整好各项参数，同时勾选"显示选定的蒙版叠加"选项，最后在眼睛上涂抹。

解读： 这里需要将眼睛调整得再亮一些。首先将画笔的"大小"调整到 3.6，"羽化"调整到 91，"流畅度"调整到 50，然后勾选"显示选定的蒙版叠加"选项（勾选该选项可以清楚地观察到涂抹的部位），再用画笔涂抹眼睛部位。当涂抹完毕之后，取消对"显示选定的蒙版叠加"勾选，然后就可以查看提亮效果。

提亮眼睛： 将画笔的"曝光度"调整到 1.07，"清晰度"调整到 100，你就会发现眼睛亮了很多。

解读： 完成上述操作以后，发现眼睛的亮度以及清晰度还不够，因此调整好参数后继续进行操作。这里不需要再勾选"显示选定的蒙版叠加"选项，因为大的基调已经确定，可以边涂抹边观看效果。

虚化背景： 观看前后对比，是不是整个猴子无论清晰度，还是眼神光都好了很多。但这只是好了很多，还不够完美。

解读： 因为在第一步提高整个画面清晰度的时候，相当于把背景的清晰度也提高了，现在就要让背景继续保持模糊状态。

　　在右侧的"工具条"中单击"渐变滤镜"按钮 （快捷键为 M），用渐变滤镜这个工具把猴子周边的草地、人物背景虚化。

制造模糊效果： 在"蒙版"面板中调整各项参数，"曝光度"为 −0.78，"清晰度"为 −100。

解读： 把左上方和右上方远处的草地虚化和压暗，突出猴子这个主体，即添加 2 个渐变滤镜。这样整个背景就显得自然多了，猴子这个主体也就更加明显了。

调整颜色：我对整体颜色还是有点不满意。

解读：因为猴子的毛色是黄色和橘色掺杂的，草地的颜色是绿色和黄色掺杂的，所以整个画面有点偏黄，这是我不喜欢的感觉。我想把猴子黄色的毛色减淡一些，草地的绿色也减淡一些。

调整颜色：在"HSL"参数设置面板上调整"饱和度"参数，"红色"为 + 30，"橙色"为 + 69，"黄色"为 -29，"绿色"为 -43。

解读：提高红色和橙色的原因是提高猴子眼睛和身上的毛色，减少黄色和绿色是为了让草地变得没有那么抢眼。

增加暗角：设置"效果"参数设置面板上的"裁剪后暗角"参数，"数量"为 -24，以此来凸显猴子这个主体。

查看整体效果：在操作界面底部单击"完成"按钮 完成 ，查看调整完成后的效果。

最后对比照，是不是感觉用 Lightroom 修改过的照片比原片更加出彩呢，是不是有一种呼之欲出的感觉呢？这就是我想要表达的效果。

7.3 爱卖萌的小象

7.3.1 拍摄地索引

　　世界上共有两所大象孤儿院，肯尼亚就有其中一所，这个孤儿院是目前世界上在救援和治疗大象孤儿方面做得最成功的公益机构。这里收留着肯尼亚各地的大象孤儿，它们的妈妈都是因为象牙被盗猎份子所猎杀。今天我们一起去看看这群大象孤儿。在这个大象孤儿院里面，它们开心的生活着，每一头大象都有自己的名字。周日上午 11 点到 12 点开放，期间可以观看饲养员给大象孤儿喂奶。

7.3.2 拍摄器材

相机	尼康 D700
镜头	尼康 AF-S 尼克尔 24-70mm f/2.8G ED

7.3.3 拍摄前的准备

孤儿院从 1987 年成立至今，已有约 150 头小象从"大象孤儿院"重新走回草原和森林。这里的大象孤儿来自肯尼亚各地。它们有的父母被盗猎者杀害，有的因干旱被困在干涸的水源地，有的因和人类发生冲突而失去亲人。这些孤儿不仅需要物质上的帮助，它们心灵上所受的创伤更需要安抚。在孤儿院里，这些小象被人们精心照料着，享受曾经失去的"家的温暖"，当它们被治愈后，就会送往察沃国家公园，在那里学会逐渐适应野外生活，最终回归大自然。

7.3.4 精彩照片

喂奶的时间到了，小象似乎知道这个时间，一出门就直奔饲养员。

喝完一瓶还想再喝一瓶。

让开，我也要喝水。

"Go Go Go！ Ale Ale Ale！！！"。

粉红色的小舌头,真可爱。

当我们看得入神的时候,只听到"噗"的一声,然后飘来一股臭屁味,"你就不能把屁股转个方向再放屁吗?"。

"把树叶给我!"。

"终于被我抢到了!哈哈哈哈!"。

小鼻子，小嘴巴。

"我给你喂水吧！"。

这就是小象住宿的小房间，这里打扫得很干净。每个门上都有一块牌子，这是小象的身份牌。

7.4 爱卖萌的小象照片分析

当天十分晴朗，我们很早就来到了大象孤儿院，但是开门时间是有规定的，游客陆续到来，排着很长的队伍，轮到我们进去时已经是中午 12 点左右了。这时候大象的影子就在脚下，照片上有些地方必定会暗一些，有些地方会亮一些，所以在 Lightroom 中调整的时候需要注意。

原片分析：拍摄参数

相机	尼康 D700				
镜头	AF-S Nikkor 24-70mm f/2.8G ED				
ISO	400	焦段	29mm	光圈	f/8
快门	1/500s				

把 RAW 格式的照片置零，然后开始我们的 Lightroom 之旅。

调清晰度： 在右侧的"偏好"参数设置面板中，设置"清晰度"为 + 100，然后适当增加"鲜艳度"到 + 20，降低"饱和度"到 -5。

解读： 为什么降低饱和度？大象和黄泥地在一起必定就会使颜色偏黄，所以需要降低饱和度。看到小象身上的细绒毛了吗？这只有增加清晰度才能显现出来。我希望让大家看到这细绒毛，所以把"清晰度"调整到 + 100。

做减法并确定构图： 在右侧的"工具条"中单击"裁剪叠加"按钮███（快捷键为 R）。

解读： 减去一切分散观众注意力的元素，只让观众专注于你的被摄物体，这张照片的目的就达到了。所以我先用"裁剪叠加"工具███裁去不必要的元素。拖曳裁剪框，确定要保留下来的图像。我让小象的眼睛处于九宫格左上角的交叉处，然后把小象脚下的黄泥地剪裁一下。

裁剪多余元素：确定好保留的元素后按 Enter 键或双击图像确认裁剪操。

解读：裁剪之后就得到了想要的初稿，我对于野生动物摄影的眼部要求是非常高的，如果有一点不清晰，我就会把这张照片当作废片，其实主要是我从来没拍过虚化的效果，所以我目前的水平就是一定要拍实了。

在直方图中寻找曝光依据：展开"直方图"面板，查看画面的明暗部分。

解读：可以很清楚地在直方图上看到，这张图的白色色阶和黑色色阶已经全部溢出，需要进行调整。

调整整体画面：在"基本"面板中调整各项参数，"对比度"调整到 + 11，"高光"调整到 -24，"白色色阶"调整到 -14，"黑色色阶"调整到 + 24。

解读：我们需要纠正一下小象身上的高光和阴影区域，让明暗更加舒服，只要直方图上部溢出就可以了。

提高眼神光：按 Ctrl++ 组合键放大照片的显示比例，然后在右侧的"工具条"中单击"调整画笔"按钮▬▬，接着在下面的"蒙版"面板中调整好各项参数，同时勾选"显示选定的蒙版叠加"选项，最后在眼睛上涂抹。

解读：这里需要将眼睛调整得再亮一些。首先将画笔的"大小"调整到 4.4，"羽化"调整到 100，"流畅度"调整到 100，然后勾选"显示选定的蒙版叠加"选项（勾选该选项可以清楚地观察到涂抹的部位）。用画笔涂抹眼睛部位。当涂抹完毕之后，取消对"显示选定的蒙版叠加"的勾选，然后就可以查看提亮效果。

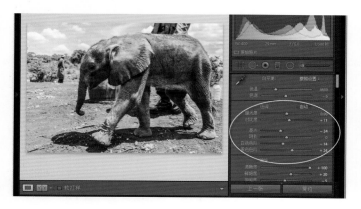

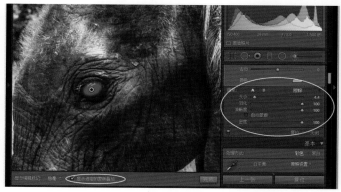

提亮眼睛：将画笔的"曝光度"调整到 2.50，"清晰度"调整到 100，这时你就会发现眼睛亮了很多。

解读："眼睛是心灵的窗户"，许多动物的眼睛能表现出喜怒哀乐，通过抓拍它们的眼神能使摄影作品更具魅力，表达出的"语言"更丰富。

提亮暗部细节：按 Ctrl++ 组合键放大照片的显示比例，然后在右侧的"工具条"中单击"调整画笔"按钮，接着在下面的"蒙版"面板中调整好各项参数，同时勾选"显示选定的蒙版叠加"选项，最后在小象身上的暗部涂抹。

解读：由于是中午，太阳在头顶，所以小象身上肯定会有暗部，需要后期提亮一下。

提亮暗部细节：将"画笔"的"曝光度"调整到 1.01，"清晰度"调整到 24。

解读：通过以上调整，你会发现小象身上的暗部细节好了很多。

压暗背景：按 Ctrl++ 组合键放大照片的显示比例，然后在右侧的"工具条"中单击"调整画笔"按钮，接着在下面的"蒙版"面板中调整好各项参数，同时勾选"显示选定的蒙版叠加"选项，最后在背景上涂抹。

解读：背景太亮，会导致观众的注意力分散，背景又是不规则的，所以我需要用画笔把背景全部涂抹出来。

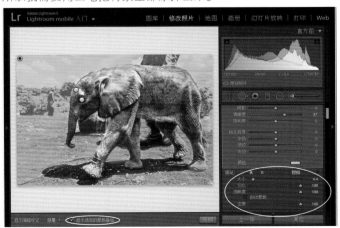

压暗背景：将"画笔"的"曝光度"调整到 -0.55，"清晰度"调整到 2.8。

解读：把背景压暗可以提高小象的关注度。所以这步是必须要做的。

调整颜色：我对整体颜色有点不满意，所以用了 Lightroom 的预设 The Ultimate Fighter(Light) 效果，这是我比较喜欢的风格。

解读：Lightroom 的预设文件就好像 Photoshop 里的动作插件一样，实现了快速的一键调照片效果。平时我们使用 Lightroom 调照片时，各种参数非常繁杂，一般一次出去拍的照片也不少于 100 张，多的上千张也不奇怪。如果每张照片都这么调，那是要累死人的，那真是计算机玩人，而不是人玩计算机了。所以当把基本的曝光、构图问题解决了之后，调整颜色这个事情就直接交给预设吧。

增加暗角：我需要通过"效果"选项里面的"裁剪后暗角"功能增加暗角效果，将"数量"参数设置为 -29，以此来突显猴子这个主体。

TIPS 暗角效果的使用

旧相机几乎都有个通病，即"暗角"，但以现在的角度来看那可是制作复古风照片必备的条件之一。当然暗角的用途不仅限于营造复古风，其还能突显主题，让四周变昏暗，中间提高亮度，但此种做法较适合色阶偏暗的相片，否则可能会有类似曝光过度的现象出现。

查看整体效果：在操作界面底部单击"完成"按钮 完成 ，即可对比查看调整完成后的效果。

　　后期处理不仅是为了好看，很多时候是为了弥补前期拍摄的不足。相机是死的，很多时候它只能表现出在 LCD 上看到的效果，但是 RAW 给了照片新的生命的机会，把握好 Lightroom，就能让一个垂死的照片焕发出新的生命。

7.5 大象皮肤的质感照片分析

其实对于大象的皮肤质感我一直很好奇，无论是大象还是小象，皮肤都是十分的粗糙，斑驳的纹路似乎和人手掌的纹路一样。我有时候在想，是不是每头大象都不一样，可以当作识别大象的密码？估计也没人去研究过。咱也别整这么深奥的理论，先来看看这小象屁股上的皮肤质感吧。

原片分析：拍摄参数

相机	尼康 D700				
镜头	AF-S Nikkor 24-70mm f/2.8G ED				
ISO	400	焦段	70mm	光圈	f/8
快门	1/320s				

打开原片，先把 RAW 格式的照片置零，然后开始我们的 Lightroom 之旅。

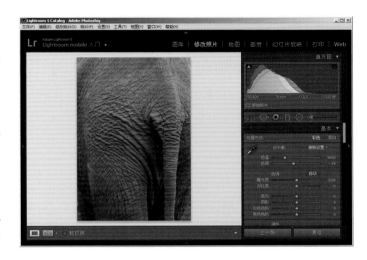

调清晰度： 在右侧的"偏好"中选择并调整"清晰度"，我个人喜欢将"清晰度"增加到 +100。

解读： 增加清晰度可以让皮肤的质感更加清晰。

做减法并确定构图： 在右侧的"工具条"中单击"裁剪叠加"按钮▦（快捷键为 R）。

解读： 减去一切分散观众注意力的元素，我希望观众的眼睛停留在大象尾巴的转折处，所以先用"裁剪叠加"工具▦裁去不必要的元素。拖曳裁剪框，确定要保留下来的图像。

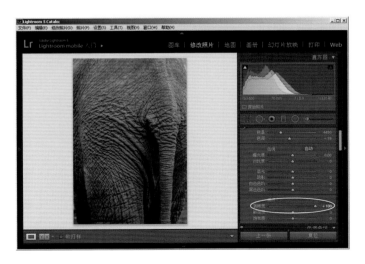

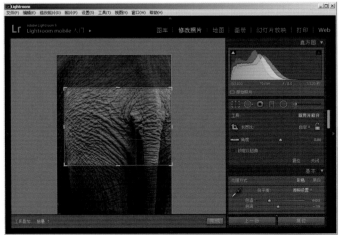

裁剪多余元素：确定好保留的元素后按 Enter 键或双击图像确认裁剪。

解读：这样画面就相对集中了，少了很多干扰视觉的元素，这就是我想要的效果。

在直方图中寻找曝光依据：展开"直方图"面板，查看画面的明暗分部。

解读：可以很清楚地在直方图上看到，这张图白色色阶和黑色色阶已经全部溢出，需要进行调整。

调整整体画面：在"基本"面板中调整各项参数，"色温"为4074，"曝光度"为 + 0.76，"对比度"为 + 16，"高光"为 −27，"白色色阶"为 + 53，"黑色色阶"为 + 20。

解读：从上面的直方图中可以清楚地看到整个画面太暗了，我希望将曝光度提高，但是提高之后画面又偏黄了，此时可以通过色温的修改来降低黄色过度的效果。

将照片变成黑白照：执行"照片 > 在应用程序中编辑 >Sliver Efex Pro 2"菜单命令，打开调色插件。

解读：大象的皮肤如果是现在这样的效果，我想没多少人会喜欢的，那么可以尝试一下改变色彩模式，将其转变成黑白照，而对于黑白照片，要讲究一个原则，即"白的更白、黑的更黑"。

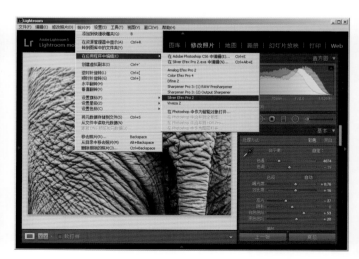

选择在哪个应用程序中编辑照片：在弹出的对话框中选择
"编辑含 Lightroom 调整的副本"选项，然后单击"编辑"按
钮 编辑 。

解读：选择"编辑含 Lightroom 调整的副本"选项，照片编辑只
针对副本进行调整，不会对源照片进行修改。

选择黑白效果图：打开 Sliver Efex Pro 2 插件以后，在左侧的
效果预览框中可以查看到很多黑白效果。

解读：选择编号为 019 的黑白效果，但还不尽如人意，因此需
要在右侧的"调整所有"面板中调整参数，"亮度"为 −7%，"对
比度"为 31%，"细节强度"调整到 100%，最后在"调性保护"
中调整阴影和亮点。

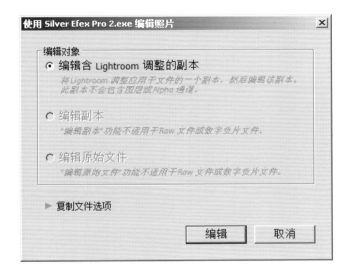

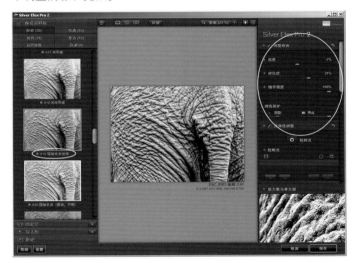

完成修图并查看最终效果：单击"保存"按钮 保存 保存对照片
的修改，同时返回到 Lightroom 中。

解读：最后的大象皮肤和之前的就完全是两种感觉了，我更喜
欢黑白效果的大象皮肤。

7.6 落难的黑猩猩和瞎眼的犀牛

由于使用的是 200 的镜头所以无法把这些铁丝网虚化，但是这样隔着铁丝网的画面却让我深思。正如管理员所说，其实不是游客看黑猩猩，而是黑猩猩在看人，里面这块近 1km² 的灌木丛是它们的栖息地，它们只有在自己乐意的时候才会出来和游客见面，所以游客并不是每次来都能看到它们出现的。

7.6.1 拍摄地索引

不管你信不信，越来越多的黑猩猩被人从西非的原始森林中拖出来然后贩卖到世界各地去给人们表演马戏，这些黑猩猩在马戏团度过它们的余生。在亚洲，走私进去的黑猩猩挥舞着拳头打着笨拙的拳击，穿着婚纱滑稽地表演。肯尼亚甜水有一个私人保护区，里面就有这样一群黑猩猩，是从盗猎、走私分子手里抢救出来的。甜水公园是从 1993 年开始收养黑猩猩的，目前这里共有 41 只黑猩猩。为了保护黑猩猩的安全，也为了保护游客的安全，甜水公园专门开辟了一片黑猩猩禁猎区。在这片占地近 1km² 的灌木丛中，41 只黑猩猩有了一个属于自己的家。

7.6.2 拍摄器材

相机	尼康 D700
镜头	尼康 AF-S 尼克尔 24-70mm f/2.8G ED, 尼康 AF-S 尼克尔 70-200mm f/2.8G ED VR II

7.6.3 拍摄前的准备

去甜水公园，其实不是特别的远，从内罗毕出发大概 3 小时就能到，这里靠近肯尼亚山。到甜水公园主要就是去看黑猩猩，还有犀牛。这里是肯尼亚唯一一个能看到黑猩猩的地方，因为这里有黑猩猩禁猎区，黑猩猩都是从非洲各地收养过来的。所以我带上了 24-70mm 镜头和 70-200mm 镜头。但是到了景区发现镜头还是短了点，特别是拍摄黑猩猩的时候，由于中间有电网隔离，所以无法近距离接触，必须用远摄镜头拉近。

7.6.4 精彩照片

它的犀牛角被磨圆了，这是园方担心黑犀牛伤害到游客特意磨去的。

这只黑犀牛可能是见过世面的，每天来这里的游客非常多，所以它非常温顺，你可以去给它挠挠痒。

游客在看黑犀牛。当你仔细看这只犀牛的时候，你会发现她的眼睛是瞎的，是被撞伤的。

鸟儿在天空上自由的飞翔，而这些野生动物，只能待在它们最后的一片栖息地。人是矛盾的，对于非洲，都希望它也能快速地赶上世界发展的脚步，然而发展对于这些野生动物来说是好事情吗？只有时间才能告诉我们答案，但是野生动物保护却是现在确确实实要去做的事情。

这只黑猩猩仰起头看着观看台上面的游客，比划出"给我点吃的"的手势。

管理员扔了几颗花生，它马上冲过去捡起来。

管理员扔了几颗花生，它就开心地笑了。

7.7 落难的黑猩猩照片分析

　　本节 Lightroom 的精彩后期，我们一起来看看这张黑猩猩的肖像照，我会告诉你，我为什么要这么剪裁以及剪裁之后画面应该如何调整。

打开原片，先把 RAW 格式的照片置零，然后开始我们的 Lightroom 之旅。

原片是用尼康 AF-S 尼克尔 70-200mm f/2.8G ED VR II 的 200mm 端拍摄的，当我看到片子的时候，感觉猩猩身体与头部的黑色色阶太多了，应该想办法弄正常一些。

原片分析：拍摄参数

相机	尼康 D700				
镜头	尼康 AF-S 尼克尔 70-200mm f/2.8G ED VR II				
ISO	200	焦段	200mm	光圈	f/8
快门	1/320s				

调清晰度： 在右侧的"偏好"面板中设置参数，将"清晰度"调整到 + 100、"鲜艳度"调整到 -21、"饱和度"调整到 + 11。

解读： 猩猩的毛发比较浓密，所以清晰度的提升有助于毛发的细节展示，我不喜欢画面黄色感觉太强，所以减少了整体的鲜艳度，然后让饱和度适当增加。对于照片的处理，每个人的想法都不一样，但是原理都是通用的。

找水平： 在右侧的"工具条"中单击"裁剪叠加"按钮▦（快捷键为 R 键），然后选择"校正工具" ▦▦。

解读： 由于整个画面不水平，所以需要用"校正工具"进行水平的校正工作。先找到画面中铁丝网的左边，然后沿着铁丝网一直拉到右边。松开鼠标后，画面就会自动地校正水平。

做减法：在右侧的"工具条"中单击"裁剪叠加"按钮▦（快捷键为 R）。

解读：减去一切分散观众注意力的元素，让观众专注于你的被摄物体，这张照片的目的就达到了。所以先用"裁剪叠加"工具▦裁去不必要的元素。

确定构图：拖曳裁剪框，确定要保留下来的图像。

解读：我为什么要这样裁剪？我是深深地被这只黑猩猩的眼睛所吸引，我不知道它在想什么？但是我知道如果他能说话，肯定有很多很多的故事，它的眼睛是我要表达的主题，所以我只需要保留眼睛附近的部分就可以了，其他的都是影响我想表达画面内容的干扰因素，因此统统剪裁掉。

在直方图中寻找曝光依据：展开"直方图"面板，查看画面的明暗分部。

解读：很明显，直方图清楚地告诉我黑色色阶太多，白色色阶也有溢出，所以就是要针对这个问题去进行调整。

调整整体画面： 在"基本"面板中调整各项参数，"色温"为 4250，"曝光"为 +0.70，"对比度"为 +14，"高光"为 −32"阴影"为 +8，"白色色阶"为 −64，"黑色色阶"为 +23。

解读： 首先要强调一下，整张照片的制作过程就是一个工作流程，这套工作流程对于每一张照片都是大同小异的，所以一定要按照自己习惯的工作流程去做。下面以这张照片为例。

调整"色温"： 是为了改变照片的氛围，我希望它变得有些忧郁，所以从之前的 4700 降低到 4250。因此照片有点偏蓝，别问我为什么一定是 4250，这完全是个人爱好，你也可以设置为 4251，眼睛是看不出这点细微的差别的。

调整"曝光度"： 我希望把暗部细节提亮，所以先调整曝光度。按住 Alt 键，然后调整"对比度"为 +14，"高光"为 −32，"阴影"为 +8，"白色色阶"为 −64，"黑色色阶"为 +23。为什么按住 Alt 键？因为这样画面会变白，从而告诉你哪些地方是过曝或者过暗的，最终通过调整让强烈的地方变得柔和起来。

提高眼神光： 按 Ctrl++ 组合键放大照片的显示比例，然后在右侧的"工具条"面板中调整画笔大小，接着在下面的"蒙版"面板中调整好各项参数，同时勾选"显示选定的蒙版叠加"选项，最后在眼睛上涂抹。

解读： 这里需要将眼睛调整得再亮一些。首先将画笔的"大小"调整到 6.5、"羽化"调整到 100、"流畅度"调整到 100，然后勾选"显示选定的蒙版叠加"选项（勾选该选项可以清楚地观察到涂抹的部位）。用画笔涂抹眼睛部位。当涂抹完毕之后，取消对"显示选定的蒙版叠加"的勾选，然后就可以查看提亮效果。

提亮眼睛： 对画笔参数进行设置，"曝光度"调整到 1.41，"对比度"调整到 14，"清晰度"调整到 100，"饱和度"调整到 84。

解读： 经过上面的操作你会发现眼睛亮了很多。

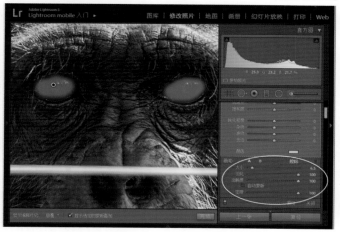

调整细节：调整"细节"参数，"数量"为 150，"半径"为 2.3，"细节"为 50，"蒙版"为 100。

解读：通过对细节的调整，能使整个画面更加精致，细节更加突出。

单击 YY 对比按钮，对比一下调整后的效果，是不是我们用 Lightroom 修改过的照片比原片更加出彩呢？

7.8 桑布鲁丛林里的小精灵照片分析

　　桑布鲁是拍摄野生鸟类的天堂，这里还有很多其他地方没有的野生动物，像长颈羚、犬羚都是非常特别的，尤其是小犬羚，它太可爱了！大大的眼睛和外星人一样。在桑布鲁，这种小动物不是非常的怕人，所以很容易为它拍特写。今天要说的后期就是一头站在马路中间的犬羚，阳光从背后照射过来，整个轮廓都照亮了，它淡定自若地站在马路中间，这样的场景实在是很难得，虽然有如此多的摄影师到这个地方拍摄，但是可以说，大家拍出来的效果没有一模一样的。

　　话说我这次拿的是尼康的 AF-S 80-400/4.5-5.6 G ED VR，说实话一开始我非常期待，希望这款便携的远摄镜头能给我带来惊喜，然而这款镜头却不尽如人意，对焦速度慢的问题严重影响正常的拍摄，通常等对焦结束后，之前构思好的场景已经没有了，因此这只犬羚能在那边等着我调好参数然后拍是非常难得的事情。这是我这次桑布鲁之行比较喜欢的片子之一，由于是夕阳西下，侧逆光使犬羚的身上有些曝光不足，因此需要后期调整。

原片分析： 拍摄参数

相机	尼康 D700				
镜头	AF-S 80-400/4.5-5.6 G ED VR				
ISO	400	焦段	340mm	光圈	f/5.6
快门	1/800s				

　　打开原片，先把 RAW 格式的照片置零，然后开始我们的 Lightroom 之旅。

调清晰度： 在右侧的"偏好"面板中设置参数，设置"清晰度"到 +100，然后适当增加"鲜艳度"到 +20，减少"饱和度"到 −5。

解读： 野生动物的拍摄中，最重要的是对焦清晰，清晰度的提升是非常重要的事情，这样可以使对焦的部分更加清晰。

做减法，确定构图： 在右侧的"工具条"中单击"裁剪叠加"按钮▦（快捷键为 R）。

解读： 减去一切分散观众注意力的元素，让观众专注于你的被摄物体，这张照片的目的才达到了。先用"裁剪叠加"工具▦裁去不必要的元素。我为什么要这样裁剪？首先我要表达的主体是犬羚，我需要让观众的焦点放在犬羚的眼睛上，因此把犬羚的眼睛放在九宫格的交叉线上。

裁剪多余元素：确定好保留的元素后按 Enter 键或双击图像确认裁剪作。

解读：裁剪之后就得到了想要的初稿，我对于野生动物摄影的眼部要求是非常高的，如果有一点不清晰，我就会把这张照片当作废片，这其实主要是我从来没拍过虚化的效果，以我目前的水平就一定要拍实了。

调整整体画面：在"基本"面板中调整各项参数，"曝光度"为 +0.63，"高光"为 +5，"阴影"为 −27，"白色色阶"为 −8，"黑色色阶"为 −27。

解读：首先提高整体的"曝光度"，这样整体曝光会正常一些，但是当我们提高"曝光度"的同时，"阴影"和"黑色色阶"也会随之提高，这样就会导致该黑的地方不黑，因此要把"阴影"和"黑色色阶"往右拖动一些。

在直方图中寻找曝光依据：展开"直方图"面板，查看画面的明暗分部。

解读：前面几章已经讲过直方图在摄影创作时的作用，在修图过程中直方图也是非常重要的曝光参考。从直方图中可以得知曝光度不够，中间部分如果能往右一点就好了，这也就是下一步我要做的。

提高眼神光：按 Ctrl++ 组合键放大照片的显示比例，然后在右侧的"工具条"中单击"调整画笔"按钮，接着在下面的"蒙版"面板中调整好各项参数，再勾选"显示选定的蒙版叠加"选项，最后在眼睛上涂抹。

解读：这里需要将眼睛调整得再亮一些。首先将画笔的"大小"调整到 5.8，"羽化"调整到 100，"流畅度"调整到 100，然后勾选"显示选定的蒙版叠加"选项（勾选该选项可以清楚地观察到涂抹的部位）。用画笔涂抹眼睛部位。当涂抹完毕之后，取消对"显示选定的蒙版叠加"的勾选，即可查看提亮效果。

提亮眼睛: 将画笔的"曝光度"调整到 0.95, "清晰度"调整到 100, 你就会发现眼睛亮了很多。

解读: 经过上面的操作以后, 发现眼睛的亮度以及清晰度还不够, 因此调整好参数继续进行操作。这里不需要再勾选"显示选定的蒙版叠加"选项, 可以边涂抹边观看效果。

看到这个放大的图片了吗? 这里要吐槽一下, 第一代的尼康 AF-S 80-400/4.5-5.6 G ED VR 的镜头成像质量真心比较"肉", 说实话, 我如果带的是尼康 70-200mm f/2.8 VR 镜头, 肯定不会是这样的成像质量。

调整颜色: 我对整体颜色有点不满意。在"HSL"面板上调整"饱和度"参数, "橙色"为 + 79, "黄色"为 + 38。

解读: 夕阳是金黄色的, 所以我希望打在犬羚身上的光线也是金色的, 于是需要增加点黄色和橙色。

让夕阳效果更猛烈些: 我对地上的夕阳效果还不是很满意, 于是想起了"渐变滤镜", 在"工具条"中单击"渐变滤镜"按钮██ (快捷键为 M)。

解读: 使用渐变滤镜后, 地面的颜色效果变得更加理想了, 再调整"曝光度"为 -0.55, "清晰度"为 100, "颜色"选择橙色。我们需要把渐变滤镜按照阳光的斜射方向布局, 最终整个照片效果就出来了。

查看整体效果: 在操作界面底部单击"完成"按钮 , 查看调整完成后的效果。

最后再来一张对比照, 用 Lightroom 调整过的照片是不是比原片更加的出彩。

7.9 桑布鲁的年轻武士照片分析

　　照片中是桑布鲁的武士。桑布鲁人非常有特点，身上五颜六色的马赛珠饰可以让你很轻松地判断他是桑布鲁族人。这两位是在酒店附近负责驯养骆驼的。早晨 8 点多，我正要准备出发，赤道的阳光还不是很刺眼。和他们沟通比较吃力，年轻的武士对英语不是很熟练，当明白我的拍摄意图的时候，他很严肃地告诉我，要收费哦，收费就收费吧，如果照片拍的好看也是值得的。最后我给了他 100 先令和一个士力架。

原片分析： 拍摄参数

相机	尼康 D700				
镜头	AF－S 80-400/4.5-5.6 G ED VR				
ISO	400	焦段	80mm	光圈	f/8
快门	1/500s				

　　打开原片，先把 RAW 格式的照片置零，然后开始我们的 Lightroom 之旅。

调清晰度： 在右侧的"偏好"面板中选择"清晰度"，我个人喜欢将清晰度调到 +100。

解读： 黑人的肤色质感，在 + 100 的清晰度下也显得异常光滑。

做减法，确定构图： 在右侧的"工具条"中单击"裁剪叠加"按钮（快捷键为 R）。

解读： 减去一切分散观众注意力的元素，让观众专注于你的被摄物体，这张照片的目的就达到了。所以先用"裁剪叠加"工具裁去不必要的元素。我希望大家先被桑布鲁武士的红色衣服所吸引，然后被武士光亮的皮肤所吸引。

裁剪多余元素： 确定好保留的元素后按 Enter 键或双击图像确认裁剪。

解读： 裁剪之后就得到了想要的初稿，裁剪完之后，你会发现整张照片的问题是背景太杂乱。现在先解决曝光的问题，然后再来解决背景乱的问题。

在直方图中寻找曝光依据： 展开"直方图"面板，查看画面的明暗分部。

解读： 在前面几章已经讲过直方图在摄影创作时的作用，在修图过程中直方图也是非常重要的曝光参考。从直方图上看，阴影比较多，白色色阶比较少。所以需要调整曝光，让画面显得正常一点。但是有时候曝光准确了，那个画面的感觉又不是你想要的，所以要尽量找到感觉的平衡点。

调整整体画面： 在"基本"面板中调整各项参数，"高光"为 –26，"阴影"为 –100，"白色色阶"为 0，"黑色色阶"为 –19。

解读： 滑动滑块的时候，你就可以很清楚地知道各自影响的区域，我这里要说一下为什么我将阴影减到 –100，主要是背景中有很大一部分的颜色很深，我希望这个区域暗下去，不要抢镜头。

提高眼神光： 按 Ctrl++ 组合键放大照片的显示比例，然后在右侧的"工具条"中单击"调整画笔"按钮▬▬▬，接着在下面的"蒙版"面板中，调整好各项参数，同时勾选"显示选定的蒙版叠加"选项，最后在眼睛上涂抹。

解读： 这里需要将眼睛调整得再亮一些。首先将画笔的"大小"调整到 1、"羽化"调整到 100、"流畅度"调整到 100，然后勾选"显示选定的蒙版叠加"选项（勾选该选项可以清楚地观察到涂抹的部位）。再用画笔涂抹眼睛部位。当涂抹完毕之后，取消对"显示选定的蒙版叠加"的勾选，然后就可以查看提亮效果。

提亮眼睛： 将画笔的 "曝光度" 设置为 1.18，"对比度" 设置为 21，"清晰度" 设置为 32，此时你就会发现眼睛亮了很多。

减少背景干扰： 按 Ctrl++ 组合键放大照片的显示比例，然后在右侧的 "工具条" 中单击 "调整画笔" 按钮 ■■■，接着在下面的 "蒙版" 面板中调整好各项参数，同时勾选 "显示选定的蒙版叠加" 选项，最后在背景上涂抹。将画笔的 "曝光度" 设置为 -1.01，"对比度" 设置为 11，"清晰度" 设置为 -100，"饱和度" 设置为 -19，"锐化程度" 设置为 -100，你会发现人物变得突出了。

解读： 我希望背景减暗，所以需要用画笔涂抹背景。

增加画面色彩： 找到右侧操作面板上的"HSL"选项，提高 "饱和度" 参数，"红色" 为 + 32，"橙色" 为 + 23，"黄色" 为 + 22，"绿色" 为 + 28，"蓝色" 为 + 36。

解读： 提供画面色彩的对比度，让画面更加具备视觉冲击力。

查看整体效果： 在操作界面底部单击 "完成" 按钮 ■完成■，查看调整完成后的效果。

7.10 桑给巴尔岛吃草的猴子

吃草的猴子，说实在的，还是很少见啊。

7.10.1 拍摄地索引

麦奈湾保护区（Menai Bay Conservation Area）是一个为来岛上进行繁殖的濒危物种建立的海龟保护区，其坐落在桑给巴尔南海岸。通向东南海岸的道路引导游客穿越约扎尼森林（Jozani Forest），那里是桑给巴尔珍贵的红色疣猴和大量其他灵长类动物以及小羚羊的家园。

这里的红疣猴是吃草的，它们吃饱了就慵懒地躺在树枝上休息。这种猴子只生活在桑给巴尔群岛，现在这种猴子只剩下1000~1500只。红疣猴分为森林疣猴和园地疣猴，园地疣猴有一些奇特的习惯，喜欢到地面嬉戏且与人和牲畜的相处也十分和谐。

7.10.2　拍摄器材

相机	尼康 D700
镜头	尼康 AF-S 尼克尔 70-200mm f/2.8G ED VR II

7.10.3　拍摄前的准备

在桑给巴尔岛的行程中，去丁香园和去看红疣猴是顺路的。车子到了景区时就需要下车步行，因此出来之前得准备好防晒装备和水，我还带上了 70-200mm 镜头。丛林里面的正午时分比较闷热，当我们渐渐地走到森林的深处时，还是看不到猴子在哪。

7.10.4　精彩照片

约扎尼森林（Jozani Forest）。

桑给巴尔岛上的约扎尼森林（Jozani Forest）是仅剩的一片原始森林，其面积只有 25 km²，只有少数疣猴群能安逸地生活在其中，因为这片原始森林是受法律保护的。

红疣猴最喜欢吃无花果树的叶子。

只吃果树的嫩尖。

红疣猴的胃与牛一样分为 4 个室，用于消化吃下去的树叶。

它们几乎是不怕人的，它们吃的是园地果树上的树叶，且仅吃果树的嫩尖。

两个当地小孩，我给了他们俩一人一颗山楂糕，现在是他们的斋月，按理是不能吃东西的，不过他们才不管呢。扯了半天才打开塑料包装。

这些小孩和路边摆摊的妇女是一家人。

红疣猴在这里生存得无忧无虑，一只小猴子去摘蓝色的花朵。

一把一把的红毛丹，我已经很久很久没有吃到了。我买了一大把。

这就是红色的香蕉，我去过非洲的8个国家了，还是第一次看到红色的香蕉。

这就是豆蔻的果实。

这是桑给巴尔岛老百姓都喜欢的木薯。

这是桑给巴尔岛的苹果。

桑给巴尔岛最出名的就是丁香了！很多地方还将桑给巴尔岛称为丁香之岛。

这个不知道是什么，非常酸。

这是胡椒新鲜果实。

这个人叫作蝴蝶人，他擅长爬树，这是丁香园里的保留表演节目，他可以一边唱歌一边爬树。他下来后给我们破开了个椰子，让我们解解渴。我怎么喝那个椰子都感觉有些辣辣的。

7.11 Lightroom 后期精彩分析

红疣猴可是见过大世面的，我们这样的游客在它们眼里几乎没有威胁，它们世世代代在这里繁衍生息，它们才是这片森林的主人。所以它们在人的面前非常轻松，它们也知道这里的人不会伤害它们，所以我可以慢慢地靠近这只红疣猴，在它的面前蹲下来，然后对焦在它的眼睛上，拍下它吃草的瞬间。我有充足的时间进行拍摄前的调整，所以我对这张照片还是非常自信的，整个画面其实曝光还是可以的，唯一的遗憾是背景还是稍微亮了一些，还需要对画面进行更精细的调整。

7.10 的标题叫作吃草的猴子，接下来我要带着大家对其中一张吃草的猴子的照片进行后期的调整。

原片分析： 拍摄参数

相机	尼康 D700				
镜头	尼康 AF-S 尼克尔 70-200mm f/2.8G ED VR II				
ISO	400	**焦段**	24mm	**光圈**	f/5
快门	1/640s				

打开原片，我们先把 RAW 格式的照片置零，然后开始我们的 Lightroom 之旅。

调清晰度： 在右侧的"偏好"中选择"清晰度"，设置"清晰度"为 +100。

解读： 清晰度提高可以让画面十分清晰，你是不是一直苦恼，为什么自己拍不出《国家地理》一样清晰的照片？如果你用 Lightroom，马上就可以解除这个苦恼！图中的猴子是不是感觉清晰了很多呢。

做减法： 在右侧的"工具条"中单击"裁剪叠加"按钮▣▣（快捷键为 R）。

解读： 减去一切分散观众注意力的元素，让观众专注于你的被摄物体，这张照片的目的就达到了。先用"裁剪叠加"工具▣▣裁去不必要的元素。

确定构图： 拖曳裁剪框，确定要保留的图像。

解读： 我为什么要这样裁剪？顶部过亮的草地已经影响了观众对红疣猴的关注度了，所以把顶部一些过亮的草地剪裁掉。

在直方图中寻找曝光依据： 展开"直方图"面板，查看画面的明暗分部。

解读： 整个直方图的曝光多漂亮啊！除了左边有一些暗部溢出之外，整个直方图堪称经典，不自吹自擂了，要做的就是要把暗部溢出给解决了！

调整整体画面： 在"基本"面板中调整各项参数，"阴影"为 + 10，"黑色色阶"为 + 23。

解读： 从上面的直方图中可以看出，只需要把暗部提亮就可以了，因此我尝试滑动"阴影"和"黑色色阶"滑块，直到暗部不再溢出。

提高眼神光： 按 Ctrl++ 组合键放大照片的显示比例，然后在右侧的"工具条"中单击"调整画笔"按钮，接着在下面的"蒙版"面板中调整好各项参数，同时勾选"显示选定的蒙版叠加"选项，最后在眼睛上涂抹。

解读： 这里需要将眼睛调整得再亮一些，首先将画笔的"大小"调整到 5、"羽化"调整到 100、"流畅度"调整到 100，然后勾选"显示选定的蒙版叠加"选项（勾选该选项可以清楚地观察到涂抹的部位），用画笔涂抹眼睛部位。当涂抹完毕之后，取消对"显示选定的蒙版叠加"的勾选，然后调整"曝光度"为 0.32、"对比度"为 21、"清晰度"为 100、"锐化程度"为 29，然后就可以查看提亮效果了。

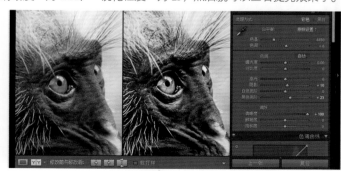

虚化背景和压暗背景： 按 Ctrl++ 组合键放大照片的显示比例，然后在右侧的"工具条"中单击"调整画笔"按钮■■■■，接着在下面的"蒙版"面板中调整好各项参数，同时勾选"显示选定的蒙版叠加"选项，最后在觉得过亮的背景位置进行涂抹。

解读： 首先将画笔的"大小"调整到 8，"羽化"调整到 100，"流畅度"调整到 100，然后勾选"显示选定的蒙版叠加"选项（勾选该选项可以清楚地观察到涂抹的部位），用画笔涂抹过亮的背景。当涂抹完毕之后，取消对"显示选定的蒙版叠加"的勾选，然后调整"曝光度"为 −1.18、"清晰度"为 −100、"锐化程度"为 −100，然后就可以查看背景虚化和压暗的效果。

调整颜色： 在"HSL"面板上调整"饱和度"选项，"红色"调整为 + 9，"橙色"调整为 + 19，"绿色"调整为 −62。

解读： 红疣猴的眼睛是橙色的，毛也是橙色的，所以我增加了红色和橙色的饱和度，然后降低草地的绿色饱和度，这样红疣猴就非常突出了。

增加暗角：我需要通过"效果"选项里面的"裁剪后暗角"功能增加"暗角"效果，把"数量"设置为 −21。

解读：压暗四周的亮度最有效的就是使用暗角功能，让我们的视线更加集中在画面中间。

查看整体效果：在操作界面底部单击"切换修改前修改后视图"按钮 [YY]，查看调整完成后的效果。

　　一只吃草的猴子就跃然照片上了！这应该就是我当时看到这只猴子的真实场景，虽然原片的效果是相机能拍出来的最好的效果，但是和最终的作品还是有很大区别的。